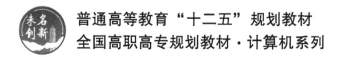

普通高等教育"十二五"规划教材

全国高职高专规划教材·计算机系列

通 信 原 理

吴冰冰　主　编

张媛玲　李　妍　副主编

北京大学出版社

PEKING UNIVERSITY PRESS

内 容 简 介

本书全面系统地介绍了现代通信系统的基本组成、各部分工作原理、技术性能指标分析、实际工程应用及采用的最新技术与发展趋势。本书内容新颖，叙述深入浅出，避免大量的公式推导过程，力求用通俗简明的语言讲清楚基本概念、原理和方法，强调理论与实际应用相结合。为了增强实用性，书中列举了大量的典型例题与图示，各章末附有充足的习题；同时，为了增强阅读性，每章末都增加了通信趣味故事。

本书适合作为高职院校计算机、通信、电子、自动化及相关专业教材，也可供相应行业的工程技术人员作为参考用书。

图书在版编目（CIP）数据

通信原理/吴冰冰主编. —北京：北京大学出版社，2013.2
（全国高职高专规划教材·计算机系列）
ISBN 978-7-301-22129-7

Ⅰ.①通…　Ⅱ.①吴…　Ⅲ.①通信原理—高等职业教育—教材　Ⅳ.①TN911

中国版本图书馆 CIP 数据核字（2013）第 026348 号

书　　　　名：通信原理
著作责任者：吴冰冰　主编
策 划 编 辑：温丹丹
责 任 编 辑：温丹丹
标 准 书 号：ISBN 978-7-301-22129-7/TP·1271
出 版 发 行：北京大学出版社
地　　　　址：北京市海淀区成府路 205 号　100871
电　　　　话：邮购部 62752015　发行部 62750672　编辑部 62765126　出版部 62754962
网　　　　址：http://www.pup.cn　新浪官方微博：@北京大学出版社
电 子 信 箱：zyjy@pup.cn
印 刷 者：北京虎彩文化传播有限公司
经 销 者：新华书店
　　　　　　　787 毫米×1092 毫米　16 开本　12 印张　281 千字
　　　　　　　2013 年 2 月第 1 版　2019 年 1 月第 4 次印刷
定　　　　价：35.00 元

前　　言

随着信息化社会的到来，通信技术与系统的发展和应用日益广泛地渗透到社会各个领域。通信技术的进步带动了通信产业的发展，这大大增加了对通信人才的需求。目前，不仅传统的通信工程专业设置了"通信原理"课程，而且信息工程、电子工程、计算机、网络工程、自动化以及其他相近专业都开设了此课程。同时，随着现代通信技术的发展突飞猛进，各种新设备、新技术、新业务、新系统和新应用层出不穷，"通信原理"课程对教材体系和内容提出新的要求。

本书的编写特色如下。

（1）讲求实用性，试图用深入浅出的叙述来讲解通信的基础知识。避免大量的公式推导过程，读者只需了解通信的基本原理，了解通信技术的发展趋势以及对通信市场的分析能力。

（2）知识面广，系统性强。通信系统种类繁多，技术全面而复杂，本书基本涵盖了通信的基本理论知识，包括通信基础理论、信号及信号分析、信道、模拟通信系统、数字通信系统、同步、接收、交换和路由、通信网等。通过本书，读者可以全面把握整个课程的知识体系。

（3）注重跟随现在通信技术的发展。本书增加了对新技术的讲解，拓宽了知识面，对技术的最新发展和当今应用现状进行讨论，突出了学科发展的特点。

（4）本书的组织方法先进，概念、原理和技术通过例题加以讲解，易于学生接受理解。每章配有适量习题，便于学生巩固和掌握知识要点。

本书是由来自企业的通信专家和高职具有丰富教学经验的一线老师分工合作完成。其中，辽宁装备制造职业技术学院的吴冰冰编写第1～7章并统稿全书，中兴产业集团的张媛玲工程师编写第8～10章，辽宁装备制造职业技术学院的李妍编写第11～12章并负责排版。本书由吴冰冰任主编，张媛玲、李妍任副主编。

由于作者水平有限，本书在选材和编写过程中难免存在各种问题，衷心希望各位读者批评指正，以便进一步改进教材内容，使之更加符合高职高专院校的教学要求。

编　者
2013 年 1 月

本教材配有教学课件，如有老师需要，请加 QQ 群（279806670）或发电子邮件至 zyjy@pup.cn 索取，也可致电北京大学出版社：010-62765126。

目　　录

第 1 章　绪　　论

本章简介

　　信息时代的一个主要特征是信息、信息源及信息的获取、传递、处理等能力的高速发展。通信技术的飞速发展，不仅改变了人类的生产和生活，还必将对全球军事、经济领域产生强烈的冲击。

　　本章主要介绍通信技术的发展、通信系统的模型与基本概念、通信系统的分类及通信方式、信息的度量方式、通信系统的主要性能指标等。

1.1　通信的发展

1.1.1　古代通信的发展

　　最早的通信方式可以追溯到 2700 多年前的周朝，利用烽火来传递信息。"信鸽传书"、"击鼓传声"、"风筝传讯"、"天灯"、"旗语"以及依托于文字的"信件"等都属于古代的通信方式。这些通信方式，要么利用声音，要么利用视觉或文字等，都能满足信息传递的基本要求，但是这些通信方式也存在着传递范围小、传输速度低、可靠性差、有效性低等缺点。

1.1.2　近代通信的发展

　　到了近代，随着电报、电话的发明，电磁波的发现，人类通信领域产生了根本性的巨大变革。人类的信息传递脱离了常规的视听觉方式，利用电信号作为新的载体，同时带来了一系列的技术革新，开始了人类通信的新时代。利用电和磁技术来实现通信的目的，是近代通信起始的标志。下面简单介绍一下电通信的发展过程。

　　1835 年，美国雕塑家、画家、科学爱好者塞缪乐·莫尔斯（Samuel Morse）成功地研制出世界上第一台电磁式（有线）电报机。电磁式（有线）电报机如图 1-1 所示。他发明了"莫尔斯电码"，利用"点"、"划"和"间隔"，将信息转换成一串或长或短的电脉冲传向目的地，再转换为原来的信息。1844 年 5 月 24 日，莫尔斯在美国国会大厦联邦最高法院会议厅利用"莫尔斯电码"发出了人类历史上的第一份电报，从而实现了长途电报通信。

　　1843 年，美国物理学家亚历山大·贝恩（Alexander Bain）根据钟摆原理发明了传真机，传真机如图 1-2 所示。

图 1-1 电磁式（有线）电报机

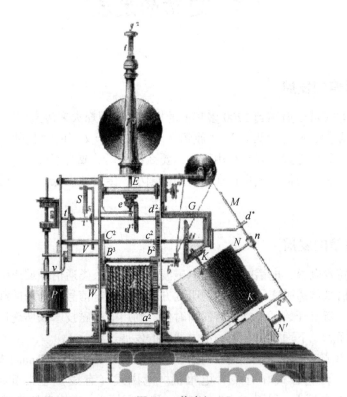

图 1-2 传真机

　　1875 年，苏格兰青年亚历山大·贝尔和他的助手托马斯·沃特森在波士顿研究多工电报机，他们分别在两个屋子联合试验，沃特森看管的一台电报机上的一根弹簧突然被粘在磁铁上。沃特森把粘住的弹簧拉开，这时贝尔发现另一个屋子里的电报机上的弹簧开始颤动起来并发出声音。正是这一振动产生的波动电流沿着导线传到另一屋子里。贝尔由此得到启发，他想，假如对铁片讲话，声音就会引起铁片的振动，在铁片后面放有绕着导线的磁铁，当铁片振动时，就会在导线中产生大小变化的电流，这样一方的语音就会传到另一方去。经过不断地研究和努力，贝尔发明了世界上第一台电话机，如图 1-3 所示。1878年，贝尔在相距 300 公里的波士顿和纽约之间进行了首次长途电话实验，并获得了成功，后来他成立了著名的贝尔电话公司。

图 1-3　世界上第一台电话机

如果仅有电话机，则只能满足两个人之间的通话，无法与第三个人之间进行通话。如果将多个用户连接起来进行通话，不仅需要多条连线，而且在两个用户进行通话时，无法隔离所连接的其他用户。为了解决这个问题，交换机应运而生。第一台交换机于 1878 年安装在美国，当时共有 21 个用户，这种交换机依靠接线员为用户接线。1892 年美国人阿尔蒙·史瑞乔研发了步进式 IPM 电话交换机。

1901 年，意大利工程师马可尼发明了无线电发报机，成功发射穿越大西洋的长波无线电信号；1906 年，美国物理学家费森登成功地研究出无线电广播。

电报和电话虽然开启了近代通信历史，但是都是小范围的应用，更大规模、更快速度的应用是在第一次世界大战后才得到迅猛发展。

1922 年 16 岁的美国中学生菲罗·法恩斯沃斯设计出第一幅电视传真原理图，1929 年他申请了发明专利，被称为发明电视机的第一人；1924 年第一条短波通信线路建立；1933年法国人克拉维尔建立了英法之间的第一条商用微波无线线路，推动了无线电技术的进一步发展。

1928 年美国西屋电器公司的兹沃尔金发明了光电显像管，并同工程师范瓦斯合作，实现了电子扫描方式的电视发送和传输。1930 年，发明超短波通信；1931 年利用超短波跨越英吉利海峡通话取得成功；1934 年在英国和意大利，开始利用超短波频段进行多路（6～7 路）通信；1940 年德国首先应用超短波中继通信；中国于 1946 年开始用超短波中继电路，开通 4 路电话；1956 年，建设欧美长途海底电话电缆传输系统。

20 世纪 50 年代以后，元件、光纤、收音机、电视机、计算机、广播电视、数字通信业都有极大发展。1962 年，地球同步卫星发射成功；1967 年大规模集成电路诞生了，一块米粒般大小的硅晶片上可以集成 1 000 多个晶体管的线路；1972 年，发明光纤；1972 年以前，只存在一种基本网络形态，这就是基于模拟传输，有链接操作寻址和同步转移模式（STM）的工种交换电话网（PSTN）网络形态。这种技术体系和网络形态一直沿用到现在。

1973 年，美国摩托罗拉公司的马丁·库帕博士发明第一台便携式蜂窝电话，也就是我们所说的"大哥大"。第一个蜂窝移动电话如图 1-4 所示。一直到 1985 年，才诞生出第一台现代意义上的、真正可以移动的电话，即"肩背电话"。

图 1-4　第一个蜂窝移动电话

1972—1980 年是大规模集成电路、卫星通信、光纤通信、程控数字交换机和微处理机等技术的快速发展期。

1.1.3　移动通信的发展

当代通信是移动通信和互联网通信时代，这个时代的特征是，在全球范围内，以形成数字传输、程控电话交换通信为主，其他通信方式为辅的综合电信通信系统。电话网向移动方向延伸，并日益与计算机、电视等技术融合。

1982 年，发明了第二代蜂窝移动通信系统，分别是欧洲标准的 GSM，美国标准的 D-AMPS 和日本标准的 D-NTT。1983 年，TCP/IP 协议成为 Arpanet 的唯一正式协议，伯克利大学提出内涵 TCP/IP 的 UNIX 软件协议。20 世纪 80 年代末多媒体技术的兴起，使计算机具备了综合处理文字、声音、图像、影视等各种形式信息的能力，从而日益成为信息处理最重要和必不可少的工具。1988 年，成立"欧洲电信标准协会"（ETSI）；1989 年，原子能研究组织（CERN）发明了万维网（WWW）；20 年代 90 年代爆发的互联网，更是彻底改变了人们的工作方式和生活习惯；2000 年，提出了第三代多媒体蜂窝移动通信系统标准，其中包括欧洲的 WCDMA、美国的 CDMA2000 和中国的 TD-SCDMA，中国的第一次电信体制改革完成；2007 年，ITU 将 WIMAX 补选为第三代移动通信标准。现在我们就处于当代通信的时代，只要打开电脑、手机、PDA、车载 GPS，就很容易实现彼此之间的联系，人们生活更加便利。

未来通信是大融合时代。1996 年，专家们提出了全球信息基础设施总体构思方法，电信网络发展进入网络融合发展的历程，随后，以思科为代表的设备制造商推出了"统一通信"的理念。未来的通信可能沿着融合 2G、3G 以及 4G 和 WLAN、宽带网络的方向发展，但是不管如何，绝不会脱离现在科学技术的发展，而是依照其内在规律来发展，期待着未来移动与宽带等的统一、融合以及演进，可以说"一切，皆有可能"。

1.2　通 信 系 统

1.2.1　通信系统的一般模型

通过通信的发展过程可以发现，无论是远古狼烟滚滚的烽火，还是今天四通八达的电话；无论是饱含情谊的书信，还是绚丽多彩的电视画面，尽管通信的方式各种各样，传递的内容千差万别，但都有一个共性，那就是进行信息的传递。因此，我们对通信下一个简练的定义：所谓通信，就是信息的传输与交换。这里的"传输"可以认为是一种信息传输的过程或方式。而在这里所讨论的通信不是广义上的通信，而是特指利用各种电信号和光信号作为通信信号的电通信和光通信。

用于进行通信的设备硬件、软件和传输介质的集合叫做通信系统。过去对通信系统的定义没有软件部分，但随着计算机进入通信系统，通信软件就成为组成通信系统的基本要素，因此在定义中加入软件这一模块。

从硬件上看，通信系统主要由信息源、受信者、传输媒质和发送设备、接收设备五部分组成。比如电话通信系统就包括送话器、电线、交换机、载波机、受话器等要素。广播通信系统包括麦克风、放大器、发送设备、无线电波、收音机等。图 1-5 为通信系统的一般模型。

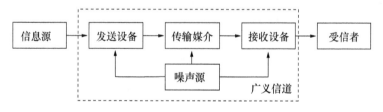

图 1-5　通信系统的一般模型

信息源是消息的产生地，其作用是把各种消息转换成原始电信号（基带信号）。例如，电话机、摄像机、扫描仪、计算机等。

发送设备的基本功能是将信息源和传输媒质（信道）匹配起来，即将信息源产生的消息信号变换成适合在信道中传输的信号（如已调信号）。在通信中，信道具有特定的频率范围，超过这个范围的信号将无法传输。而信息源产生的信号未必就恰巧在这个频率范围之内，因此就要靠发送设备的转换了。最典型的信号转换就是调制。调制的作用是将信息源发出的信号频率调制到信道允许的频率范围内。

传输媒介（信道）是指传输信号的物理媒质。在无线信道中，信道可以是电磁波，它的频率范围在 3 Hz～300 GHz。在有线信道中，信道可以是明线、电缆、光纤。

噪声源是通信系统中各种设备以及信道中噪声与干扰的集中表现。噪声源可以理解为是通信系统的一部分，因为在实际应用中，一个通信系统无法彻底消除干扰。

　　接收设备的基本功能是完成发送设备的反变换，它的任务是从带有干扰的接收信号中正确恢复出相应的原始基带信号。

　　受信者是传输信息的归宿点，其作用是将复原的原始信号转换成相应的消息。对于信息源和受信者来说，不管中间经过什么样的变换和传输，都应该使二者消息内容保持一致。收到和发出消息的相同程度越高，表明通信系统的可靠性越高。

1.2.2　模拟通信系统

　　信息源发出的消息可分为两大类：连续消息和离散消息。连续消息是指消息的状态连续变化或不可数的，如语音、图片等；离散消息是指消息的状态是可数的或离散的，如符号、数据等。

　　消息的传递是通过电信号来实现的。按信号参量的取值方式不同可把信号分为两类，即模拟信号和数字信号。凡信号参量的取值是连续的或取无穷多个值的，称为模拟信号。模拟信号的波形图是连续的，例如，电话机发出的语音信号、电视摄像机输出的图像信号等都属于模拟信号。凡信号参量只能取有限个值的，称为数字信号。数字信号的波形图是离散的，如电报信号、计算机输入和输出信号。模拟信号通过抽样、量化、编码可以转换为数字信号。

　　信道中传输模拟信号的系统称为模拟通信系统，它指的是信息源发出的和受信者接收的、信道中传输的都是模拟信号的通信过程或方式。第一代移动通信系统，即 20 世纪八九十年代我们常见的"大哥大"，就属于模拟通信。模拟通信系统的组成可由一般通信系统模型略加改变而成，如图 1-6 所示。这里，一般通信系统模型中的发送设备和接收设备分别为调制器、解调器所代替。

图 1-6　模拟通信系统模型

　　对于模拟通信系统，它主要包含两种重要变换。一是把连续消息变换成电信号（由发送端信息源完成）和把电信号恢复成最初的连续消息（接收端受信者完成）。由信息源输出的电信号（基带信号）由于它具有频率较低的频谱分量，一般不能直接作为传输信号而送到信道中。因此，模拟通信系统里常有第二种变换，即将基带信号转换成适合信道传输的信号，这一变换由调制器完成；在接收端同样需要经过相反的变换，它由解调器完成。经过调制后的信号通常称为已调信号。已调信号有三个基本特性：一是携带有消息；二是适合在信道中传输；三是频谱具有带通形式，且中心频率远离零频。因而已调信号又常称为频带信号。

　　必须指出，从消息的发送到消息的恢复，事实上并非仅有以上两种变换，通常在一个通信系统里可能还有滤波、放大、天线辐射与接收、控制等过程。对信号传输而言，由于上面两种变换对信号形式的变化起着决定性作用，因此它们是通信过程中的重要方面。而其他过程对信号变化来说，没有发生质的作用，只不过是对信号进行了放大和改善信号特性等，因此，这些过程我们认为都是理想的，而不去讨论它。

1.2.3 数字通信系统

信道中传输数字信号的系统，称为数字通信系统。数字通信系统可进一步细分为数字频带传输通信系统、数字基带传输通信系统、模拟信号数字化传输通信系统。

1. 数字频带传输通信系统

数字通信的基本特征是，它的消息或信号具有"离散"或"数字"的特性，从而使数字通信具有许多特殊的问题。例如，前边提到的第二种变换，在模拟通信中强调变换的线性特性，即强调已调参量与代表消息的基带信号之间的比例特性；而在数字通信中，则强调已调参量与代表消息的数字信号之间的一一对应关系。

另外，数字通信中还存在以下突出问题。第一，在数字信号传输时，信道噪声或干扰所造成的差错，原则上是可以控制的，这是通过所谓的差错控制编码来实现的。于是，就需要在发送端增加一个编码器，而在接收端相应需要一个解码器。第二，当需要实现保密通信时，可对数字基带信号进行人为"扰乱"（加密），此时在接收端就必须进行解密。第三，由于数字通信传输的是一个接一个按一定节拍传送的数字信号，因而接收端必须有一个与发送端相同的节拍，否则，就会因接收和发送步调不一致而造成混乱。另外，为了表述消息内容，基带信号都是按消息特征进行编组，于是，在接收端和发送端之间一组组的编码规律也必须一致，否则接收时消息的真正内容将无法恢复。在数字通信中，称节拍一致为"位同步"或"码元同步"，而称编组一致为"群同步"或"帧同步"，故数字通信中还必须有"同步"这个重要问题。综上所述，点对点的数字通信系统模型一般如图 1-7 所示。

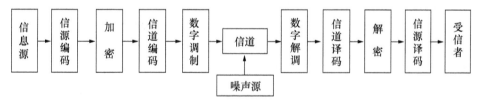

图 1-7 点对点的数字通信系统模型

在图 1-7 中调制器/解调器、加密器/解密器、编码器/译码器等环节，在具体通信系统中是否全部采用，这要取决于具体设计条件和要求。但在一个系统中，如果发送端有调制/加密/编码，则接收端必须有解调/解密/译码。通常把有调制器/解调器的数字通信系统称为数字频带传输通信系统。

2. 数字基带传输通信系统

与频带传输系统相对应，把没有调制器/解调器的数字通信系统称为数字基带传输通信系统，如图 1-8 所示。

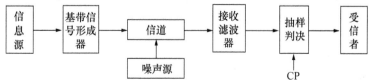

图 1-8 数字基带传输通信系统

图 1-8 中基带信号形成器可能包括编码器、加密器以及波形变换等，接收滤波器亦可能包括译码器、解密器等。

3. 模拟信号数字化传输通信系统

上面论述的数字通信系统中，信源输出的信号均为数字基带信号，实际上，在日常生活中大部分信号（如语音信号）为连续变化的模拟信号。那么要实现模拟信号在数字系统中的传输，则必须在发送端将模拟信号数字化，即进行 A/D 转换；在接收端需要进行相反的转换，即 D/A 转换。

1.2.4 数字通信的主要特点

数字通信主要有以下几个优点。

目前，无论是模拟通信还是数字通信，在不同的通信业务中都得到了广泛的应用。但是，数字通信的发展速度已明显超过模拟通信，成为当代通信的主流。与模拟通信相比，数字通信更能适应现代社会对通信技术越来越高的要求。

1. 数字通信的优点

数字通信主要有以下几个优点。

（1）抗干扰能力强

在数字通信中，传输的信号幅度是离散的。以二进制为例，信号的取值只有两个，接收端只需判别两种状态。信号在传输过程中受到噪声的干扰，必然会使波形失真，接收端对其进行抽样判决，以辨别是两种状态中的哪一个。只要噪声的大小不足以影响判决的正确性，就能正确接收（再生）。而在模拟通信中，传输的信号幅度是连续变化的，一旦叠加上噪声，即使噪声很小，也很难消除它。

数字通信抗噪声性能好，在微波中继通信时，它可以消除噪声积累。这是因为数字信号在每次再生后，只要不发生错码，它仍然像信源中发出的信号一样，没有噪声叠加在上面。因此中继站再多，数字通信仍具有良好的通信质量。而模拟通信中继时，只能增加信号能量（对信号放大），而不能消除噪声。

（2）差错可控

数字信号在传输过程中出现的错误（差错），可通过纠错编码技术来控制，以提高传输的可靠性。

（3）易加密

数字信号与模拟信号相比，它容易加密和解密。因此，数字通信保密性好。

（4）易于与现代技术相结合

由于计算机技术、数字存储技术、数字交换技术以及数字处理技术等现代技术飞速发展，许多设备、终端接口均是数字信号，因此极易与数字通信系统相连接。

2. 数字通信的缺点

相对于模拟通信来说，数字通信主要有以下两个缺点。

（1）频带利用率不高

系统的频带利用率，可用系统允许最大传输带宽（信道的带宽）与每路信号的有效带宽之比来表征。在数字通信中，数字信号占用的频带宽。以电话为例，一路模拟电话通常只占据 4 kHz 的带宽，但一路接近同样语音质量的数字电话可能要占据 20～60 kHz 的带宽。因此，如果系统传输带宽一定的话，模拟电话的频带利用率要高出数字电话的 5～15 倍。

（2）系统设备比较复杂

在数字通信中，要准确地恢复信号，接收端需要严格的同步系统，以保持接收端和发送端严格的节拍一致、编组一致。因此，数字通信系统及设备一般都比较复杂，体积较大。

不过，随着新的宽带传输信道（如光导纤维）的采用、窄带调制技术和超大规模集成电路的发展，数字通信的这些缺点已经弱化。随着微电子技术和计算机技术的迅猛发展和广泛应用，数字通信在今后的通信方式中必将逐步取代模拟通信而占主导地位。

1.3 通信系统的分类及通信方式

1.3.1 通信系统的分类

1. 按通信业务分类

按通信业务分，通信系统可分为话务通信和非话务通信。电话业务在电信领域中一直占主导地位，近年来，非话务通信发展迅速。非话务通信主要是分组数据业务、计算机通信、数据库检索、电子信箱、电子数据交换、传真存储转发、可视图文及会议电视、图像通信等。由于电话通信最为发达，因而其他通信常常借助于公共的电话通信系统进行。未来的综合业务数字通信网中各种用途的消息都能在一个统一的通信网中传输。此外，还有遥测、遥控、遥信和遥调等控制通信业务。

2. 按调制方式分类

根据是否采用调制，可将通信系统分为基带传输和频带（调制）传输。基带传输是将未经调制的信号直接传送，如音频市内电话。频带传输是对各种信号调制后传输的总称。

3. 按信号特征分类

按照信道中所传输的是模拟信号还是数字信号，相应地把通信系统分成模拟通信系统和数字通信系统。

4. 按传输媒介分类

按传输媒介的不同，通信系统可分为有线通信系统和无线通信系统两大类。有线通信是以传输线缆作为传输的媒介，它包括电缆通信、光纤通信等；无线通信是无线电波在自由空间传播信息，它包括微波通信、卫星通信等。

5. 按工作波段分类

按通信设备的工作频率不同，通信系统可分为长波通信、中波通信、短波通信、远红外线通信等。

6. 按信号复用方式分类

传输多路信号有三种复用方式，即频分复用、时分复用、码分复用。频分复用是用频谱搬移的方法使不同信号占据不同的频率范围，时分复用是用抽样或脉冲调制方法使不同信号占据不同的时间区间，码分复用是用互相正交的码型来区分多路信号。

传统的模拟通信中多采用频分复用，如广播通信。随着数字通信的发展，时分复用通信系统得到了广泛的应用。码分复用在现代通信系统中也获得了广泛的应用，如卫星通信系统、移动通信系统等。

1.3.2 通信方式

从不同角度考虑问题，通信的工作方式通常有以下几种。

1. 按消息传送的方向与时间分类

对于点对点之间的通信，按消息传送的方向与时间，通信方式可分为单工通信、半双工通信及全双工通信三种。

所谓单工通信，是指消息只能单方向进行传输的一种通信工作方式。单工通信的实例很多，如广播、遥控、无线寻呼等。这里，信号（消息）只从广播发射台、遥控器和无线寻呼中心分别传到收音机、遥控对象和 BP 机上。

所谓半双工通信方式，是指通信双方都能收发消息，但不能同时进行接收和发送的工作方式。对讲机、收发报机等都是这种通信方式。

所谓全双工通信，是指通信双方可同时进行双向传输消息的工作方式。在这种方式下，双方都可同时进行收发消息。很明显，全双工通信的信道必须是双向信道。生活中全双工通信的实例非常多，如普通电话、手机等。

2. 按数字信号排序方式分类

在数字通信中，按照数字信号代码排列顺序的方式不同，可将通信方式分为串序传输和并序传输。

所谓串序传输，是将代表信息的数字信号序列按时间顺序一个接一个地在信道中传输的方式，如图 1-9（a）所示。如果将代表信息的数字信号序列分割成两路或两路以上的数字信号序列同时在信道上传输，则称为并序传输通信方式，如图 1-9（b）所示。

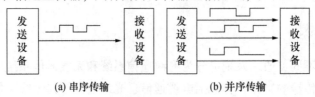

(a) 串序传输　　　　　　　　　　(b) 并序传输

图 1-9　串序传输和并序传输

一般的数字通信方式多采用串序传输，这种方式的优点是只需占用一条通路，缺点是传输时间相对较长；并序传输方式在通信中也会用到，它需要占用多条通路，优点是传输时间较短。

3. 按通信网络形式分类

通信的网络形式通常可分为三种：两点间直通方式、分支方式和交换方式。

直通方式是通信网络中最为简单的一种形式，终端 A 与终端 B 之间的线路是专用的；在分支方式中，它的每一个终端（A，B，C，…，N）经过同一信道与转接站相互连接，此时，终端之间不能直通信息，必须经过转接站转接，此种方式只在数字通信中出现；交换方式是终端之间通过交换设备灵活地进行线路交换的一种方式，即把要求通信的两终端之间的线路接通（自动接通），或者通过程序控制实现消息交换，即通过交换设备先把发方来的消息储存起来，然后再转发至接收端。这种消息转发可以是实时的，也可以是延时的。

分支方式及交换方式均属通信网的范畴，它和点与点直通方式相比，还有其特殊的一面。例如，通信网中有一套具体的线路交换与消息交换的规定、协议等；通信网中既有信息控制问题，也有网同步问题等。

1.4　信息及其度量

传输信息是通信系统的根本任务。在传输过程中，信息是以各种具体的电信号或光信号形式表现出来的。为了对通信系统的性能与质量进行定量的分析、研究与评价，就需要对信息进行度量。我们定义能够衡量信息多少的物理量叫做信息量，通常用 I 表示。

消息的传递意味着信息的传递。每一个消息信号必定包含有接收者需要知道的信息，消息以具体信号形式表现出来；而信息则是更抽象化、更普遍化，是有本质的内容。这是消息与信息的不一致。

（1）信息与消息的形式无关

用语音和文字发送的天气预报消息，所含信息内容相同。

（2）信息与消息的重要程度无关

明日下雨的天气预报消息，不会因该地区曾久旱无雨，或风调雨顺而所含有信息量增大。

（3）信息的多少与消息事件发生的概率有关

"某客机坠毁"这条消息比"今天下雨"这条消息包含更多的信息，说明消息所表达的事件越不可能发生，所含的信息量就越大。所以度量信息量的方法是可以用其出现的概率来描述，即消息出现的概率越小，则消息中包含的信息量就越大。

设：$P(x)$ 为消息发生的概率，I 为消息中所含的信息量，

则 $P(x)$ 和 I 之间应该有如下关系：

$$I = \log_a \frac{1}{P(x)} = -\log_a P(x) \tag{1-1}$$

式（1-1）中对数的底：若 $a=2$，则信息量的单位称为比特（bit），可简记为 b；

若 $a=e$，则信息量的单位称为奈特（nat）；

若 $a=10$，则信息量的单位称为哈特莱（Hartley）。

通常广泛使用的单位为比特。这时有

$$I = \log_2 \frac{1}{P(x)} = -\log_2 P(x) \tag{1-2}$$

1.4.1　关于等概率出现的离散信息的度量

在通信系统中，当传送 M 个等概率的消息之一时，每个消息出现的概率为 $1/M$，任一消息所含的信息量为：

$$I = \log_2 \frac{1}{(1/M)} = \log_2 M \text{（bit）}$$

在数字通信中，常以二进制传输方式为主，因而选择以 2 为底的对数。

当 $M=2$ 时，$I=1$（bit）；

当 $M=2^k$ 时，$I=k$（bit）。

【例 1-1】 设一个二进制离散信源，以相等的概率发送数字 "0"、"1"，则每个输出信源的信息含量为多少？

解 $I(0) = I(1) = \log_2 \frac{1}{1/2} = \log_2 2 = 1$（bit）

对于二进制数字通信系统（$M=2$），当二进制信号 0 和 1 的出现概率相等时，则每个二进制信号都有 1 bit 的信息量。

【例 1-2】 设英文字母 E 出现的概率为 0.25，X 出现的概率为 0.125。试求 E 和 X 的信息量。

解 $I(E) = \log_2 \frac{1}{1/4} = \log_2 4 = 2$（bit）

$I(X) = \log_2 \frac{1}{1/8} = \log_2 8 = 3$（bit）

1.4.2　关于非等概率出现的离散信息的度量

设离散信息源是一个由 n 个符号组成的集合 x_1，x_2，…，x_n，按 $P(x_i)$ 独立出现。则有

$$\begin{bmatrix} x_1 & x_2 & \dots & x_i & \dots & x_n \\ P(x_1) & P(x_2) & \dots & P(x_i) & \dots & P(x_n) \end{bmatrix}, \text{且有} \sum_{i=1}^{n} P(x_i) = 1$$

故 x_1，x_2，…，x_n 各符号的信息量分别为：$-\log_2 P(x_1)$，$-\log_2 P(x_2)$，…，$-\log_2 P(x_n)$，式中的每个符号的信息量不同。因此引入平均信息量，即每个符号所包含的信息量的统计平均值——平均信息量 $H(x)$。

$$H(x) = \sum_{i=1}^{n} P(x_i) I(x_i) = -\sum_{i=1}^{n} P(x_i) \log_2 P(x_i) \tag{1-3}$$

由于 H 同热力学中的熵形式一样，故通常又称它为信息源的熵，其单位为比特/符号。

显然，当信源中每个符号等概率独立出现时，式（1-3）即成为式（1-2）。可以证明，此时信源的熵有最大值：

$$H(x) = \log_2 M \qquad (1-4)$$

根据信息量的相加性概念，n 个符号的总信息量又可表示为：

$$I = \sum_{i=1}^{n} n_i I_i = - \sum_{i=1}^{n} n_i \log_2 P(x_i) \qquad (1-5)$$

其中，n_i 为符号 x_i 出现的次数（事件发生次数）。

【例 1-3】 一个离散信源由 A，B，C，D 四个符号组成，它们出现的概率分别为 1/2，1/4，1/8，1/8，且每个符号的出现都是独立的。试求消息 ｛AAAAABBACCDDB｝ 的总信息量及熵。

解 A 出现 6 次；B 出现 3 次；C 出现 2 次；D 出现 2 次；共 13 个符号。

故该消息的信息量为：

$$I = - \sum_{i=1}^{n} n_i \log_2 P(x_i) = -6\log_2 \frac{1}{2} - 3\log_2 \frac{1}{4} - 2\log_2 \frac{1}{8} - 2\log_2 \frac{1}{8} = 24 \ （bit）$$

算术平均信息量为 24/13 ≈ 1.85 （bit/符号）

该信息量的熵为：

$$H(x) = - \sum_{i=1}^{n} P(x_i)\log_2 P(x_i) = -\frac{1}{2}\log_2 \frac{1}{2} - \frac{1}{4}\log_2 \frac{1}{4} - \frac{1}{8}\log_2 \frac{1}{8} - \frac{1}{8}\log_2 \frac{1}{8}$$

$$= \frac{1}{2} + \frac{2}{4} + \frac{3}{8} + \frac{3}{8} = 1.75 \ （bit/符号）$$

1.5 通信系统主要性能指标

通信的任务是快速、准确地传递信息。因此，评价一个通信系统优劣的主要性能指标是系统的有效性和可靠性。有效性是指在给定信道内所传输的信息内容的多少，或者说是传输的"速度"问题；而可靠性是指接收信息的准确程度，也就是传输的"质量"问题。这两个问题相互矛盾而又相对统一，通常还可以进行互换。模拟通信系统的有效性可用有效传输频带来度量，可靠性用接收端最终输出信噪比来度量。如调频信号抗干扰能力比调幅好，但调频信号所需传输频带却宽于调幅。数字通信系统的有效性可用传输速率来衡量，可靠性可用差错率来衡量。

1.5.1 模拟通信系统的质量指标

1. 有效性

模拟通信系统的有效性用有效传输带宽来度量。同样的消息采用不同的调制方式，则需要不同的频带宽度。频带宽度越窄，则有效性越好。例如，传输一路模拟电话，单边带信号只需要 4 kHz 带宽，而常规调幅或双边带信号需要 8 kHz 带宽，因此在一定频带内用单边带信号传输的路数比常规调幅信号多一倍，也就是可以传输更多的消息。显然，单边带系统的有效性比常规调幅系统要好。

2. 可靠性

模拟通信系统的可靠性用接收端最终的输出信噪比来度量。信噪比越大，通信质量越高。如普通电话要求信噪比在 20 dB 以上，电视图像则要求信噪比在 40 dB 以上。信噪比是由信号功率和传输中引入的噪声功率决定的。不同调制方式在同样信道条件下所得到的输出信噪比是不同的。例如，调频信号的抗干扰性能比调幅信号好，但调频信号所需的传输带宽却宽于调幅信号。

1.5.2　数字通信系统的质量指标

1. 有效性

数字通信系统的有效性可用传输速率来衡量，传输速率越高，系统有效性越好。实际中常从以下两个不同角度定义传输速率。

（1）码元传输速率 R_B（又称码元传输速率或传码率）。它被定义为单位时间内传输码元的数目，单位为波特，常用符号 Baud 表示，简写为 B。

如 2 秒内共传送 4 800 个码元，则传码率为 $R_B = 2\,400\,B$。

（2）信息传输速率 R_b（又称信息传输速率或传信率）。它被定义为每秒所传输的信息量，单位为比特/秒，记为 bit/s。

如 1 秒内传 1 200 符号，且每一个符号的平均信息量为 1 bit，则该信源的信息传输速率为 $R_b = 1\,200\,bit/s$。

对于二进制码元，码速率与信息速率在数值上相等，但单位不同，即 $R_{b2} = R_{B2}$。

数字信号一般有二进制与多进制之分，但码元速率 R_B 与信号的进制无关，只与码元宽度 T_B 有关。

$$R_B = 1/T_B \qquad (1\text{-}6)$$

如果还用一个二进制码元表示 1 bit 信息量的话，则一个四进制信号的码元就包含 2 bit 的信息量，一个八进制信号的码元就包含 3 bit 的信息量。可见，传输多进制信号可以在波特率不变的情况下提高比特率。波特率、比特率与数制三者之间的关系见式（1-7）。

$$R_b = R_B \log_2 M \qquad (1\text{-}7)$$

式中，R_b 为信息传输速率（bit/s）；R_B 为码元传输速率（Baud）；M 为采用信号的进制数。

例如：码元速率为 1 200 B，采用八进制（$M=8$）时，信息速率为 3 600 bit/s；采用二进制（$M=2$）时，信息速率为 1 200 bit/s。

【例1-4】 某信息源的符号集由 A，B，C，D 和 E 组成，设每一个符号独立出现，其出现概率分别为 1/4，1/8，1/8，3/16 和 5/16。如果信息源以 1 000 B 速率传送信息，则传送 1 小时的信息量为多少？传送 1 小时可能达到的最大信息量为多少？

解　（1）平均信息量为

$$H(x) = -\sum_{i=1}^{n} P(x_i) \log_2 P(x_i) = -\frac{1}{4}\log_2\frac{1}{4} - \frac{1}{8}\log_2\frac{1}{8} - \frac{1}{8}\log_2\frac{1}{8} - \frac{3}{16}\log_2\frac{3}{16} - \frac{5}{16}\log_2\frac{5}{16}$$

$$= 2.23\ （bit/符号）$$

$$R_b = R_B \times H(x) = 1\,000 \times 2.23 = 2\,230 \quad (\text{bit/s})$$

传送 1 小时的信息量：
$$I = T \times R_b = 3\,600 \times 2\,230 = 8\,028\,000 = 8.028 \times 10^6 \quad (\text{bit})$$

（2）等概率时，其信息量最大
$$H(x) = \log_2 M = \log_2 5 = 2.32 \quad (\text{bit/符号})$$
$$R_b = R_B \times H(x) = 1\,000 \times 2.32 = 2\,320 \quad (\text{bit/s})$$

传送 1 小时的最大信息量：
$$I = T \times R_b = 3\,600 \times 2\,320 = 8.352 \times 10^6 \quad (\text{bit})$$

【例 1-5】 已知四进制离散等概信源（0，1，2，3），求发送每一个符号时所传送的信息量。若每一个符号的宽度为 1 ms，求相应的码元速率 R_B 和信息速率 R_b。

解 每一个符号出现的概率为：$P(x) = \dfrac{1}{4}$，则

每一个符号所含的信息量为 $I = \log_2 4 = 2$ （bit）

$T = 1$ ms，所以码元速率为：$R_B = \dfrac{1}{T} = 1\,000$ （Baud）

信息速率为：$R_b = R_B \cdot I = 1\,000 \times 2 = 2\,000$ （bit/s）

数字信号的传输带宽 B 取决于码元速率 R_B，而码元速率和信息速率 R_b 有着确定的关系。为了比较不同系统的传输效率，定义频带利用率 η_b 为下式

$$\eta_b = \frac{R_b}{B} \tag{1-8}$$

频带利用率的物理意义为单位频带能传输的信息速率，单位为 bit/(S·Hz)。

2. 可靠性

差错率是衡量数字通信系统正常工作时传输消息可靠程度的重要性能指标。差错率有两种表述方法：误码率（即码元差错率）和误信率（即信息差错率）。

误码率（即码元差错率）P_e 是指发生差错的码元数在传输总码元数中所占的比例，更确切地说，误码率是码元在传输系统中被传错的概率，即

$$P_e = \frac{\text{单位时间内接收的错误码元数}}{\text{单位时间内系统传输的总码之数（正确码元 + 错误码元）}} \tag{1-9}$$

误信率（即信息差错率）P_b 又称误比特率，是指错误接收的信息量在传送信息总量中所占的比例，或者说，它是码元的信息量在传输系统中被丢失的概率。即

$$P_b = \frac{\text{单位时间内系统传输中出错（丢失）的比特数（信息量）}}{\text{单位时间内系统传输的总比特数（总信息量）}} \tag{1-10}$$

在二进制传输系统中，误码率 P_e 与误信率 P_b 相等，即 $P_e = P_b$。

【例 1-6】 已知某四进制数字传输系统的传信率为 2\,400 bit/s，接收端在 0.5 小时内共收到 216 个错误码元，试计算系统的误码率 P_e。

解 $R_B = \dfrac{R_b}{\log_2 M} = \dfrac{2\,400}{\log_2 4} = 1\,200$ （Baud）

$$P_e = \frac{216}{1\,200 \times 0.5 \times 3\,600} = 0.01\%$$

例如，超短波水情遥测系统的误码率约 $10^{-6} \sim 10^{-5}$ 数量级，即发送了 $10^5 \sim 10^6$ 个码元

中有 1 个错码。

本章小结

常用通信术语，包括通信、消息、信号、通信系统、信息、模拟通信系统、数字通信系统、数字信号、模拟信号，基带信号、已调信号（带通信号、频带信号）；介绍了通信的目的、电信发明史；需要掌握的通信系统的模型；数字通信的特点；通信系统的分类；通信方式包括双工、半工、半双工、串序（串行）、并序（并行）传输；掌握信息及度量的方法，能计算通信系统性能指标。

课后习题

一、选择题

1. 数字通信相对于模拟通信具有（　　　）。
　　A. 占用频带小　　　　　　　　　　　B. 抗干扰能力强
　　C. 传输容量大　　　　　　　　　　　D. 易于频分复用

2. 在数字通信系统中，传输速率属于通信系统性能指标中的（　　　）。
　　A. 有效性　　　　B. 可靠性　　　　　C. 适应性　　　　　D. 标准性

3. 以下属于码元速率单位的是（　　　）。
　　A. 波特　　　　　B. 比特　　　　　　C. 波特/s　　　　　D. 比特/s

4. 在模拟通信系统中，传输带宽属于通信系统性能指标中的（　　　）。
　　A. 可靠性　　　　B. 有效性　　　　　C. 适应性　　　　　D. 标准性

二、填空题

1. 通常将信道中传输模拟信号的通信系统称为＿＿＿＿＿＿＿＿＿，将信道中传输数字信号的通信系统称为＿＿＿＿＿＿＿。

2. 主要用来度量通信系统性能的参量为＿＿＿＿＿和＿＿＿＿＿。

3. 有效性和可靠性是用来度量通信系统性能的重要指标，在数字通信系统中对应于有效性和可靠性的具体指标分别是＿＿＿＿＿和＿＿＿＿＿。

4. 在等概条件下，八元离散信源能达到的最大熵是＿＿＿＿＿＿＿，若该信源每秒钟发送 2 000 个符号，则该系统的信息速率为＿＿＿＿＿＿＿。

5. 一个 M 进制基带信号，若码元周期为 T_{s} 秒，则传码率为＿＿＿＿＿；若码元等概出现，则一个码元所含信息量为＿＿＿＿＿＿＿。

三、计算题

1. 离散信源由 0，1，2，3 四个符号组成，它们出现的概率分别为 1/8，1/4，1/4，1/8，且每个符号的出现都是独立的。试求某消息：

　　　　2010201302130012032101003210100231020020103120321001201210

的信息量。

2. 一个由字母 A、B、C、D 组成的字，对于传输的每一个字母用二进制编码，00 代替 A，01 代替 B，10 代替 C，11 代替 D，每个脉冲宽度为 5 ms。

（1）计算不同字母等概率出现时的平均信息速率。

（2）若每个字母出现概率分别为 $PA=1/4$，$PB=1/2$，$PC=1/4$，$PD=1/8$，计算平均信息速率。

3. 某信息源由 64 个不同的符号所组成，各个符号间相互独立，其中 32 个符号的出现概率均为 1/128，16 个符号的出现概率均为 1/64，其余 16 个符号的出现概率均为 1/32。现在该信息源以每秒 2 000 个符号的速率发送信息，试求：

（1）每个符号的平均信息量和信息源发出的平均信息速率；

（2）当各符号出现概率满足什么条件时，信息源发出的平均信息速率最高？最高信息速率是多少？

4. 已知某八进制数字通信系统的信息速率为 3 000 bit/s，在接收端 10 分钟内共测得出现了 18 个错误码元，试求系统的误码率。

四、思考题

1. 如何判断一个通信系统是模拟系统还是数字通信系统？

2. 消息中的信息量与消息发生的概率有什么样的关系？

3. 离散消息中包含的信息量是如何度量的？

4. 如何衡量一个数字通信系统的质量？

5. 如何衡量一个模拟通信系统的质量？

 **通信故事**

贝尔和电话

1847 年 3 月 3 日，亚历山大·贝尔出生在英国的爱丁堡。他的父亲和祖父都是颇有名气的语言学家。受家庭的影响，贝尔小时候就对语言很感兴趣。他喜欢养麻雀、老鼠之类的小动物。他觉得动物的叫声美妙动听。上小学时，他的书本里，除了装课本书外，还经常装有昆虫、小老鼠等。

不久，贝尔的父亲就将贝尔送到住在伦敦的祖父那儿。这位慈祥的老人虽然很疼爱孙子，但对孙子的管教十分严厉。祖父深谙少年的学习心理，他不采用填鸭式的方法，硬逼贝尔学习书本上的知识，而是从培养贝尔的学习兴趣入手。渐渐地，贝尔有了强烈的求知欲，学习成绩也上去了，成了优等生。贝尔后来回忆道："祖父使我认识到，每个学生都应该懂得的普通功课，我却不知道，这是一种耻辱。他唤起我努力学习的愿望。"

1869 年，22 岁的贝尔受聘美国波士顿大学，成为这所大学的语音学教授。贝尔在教学之余，还研究教学器材。有一次，贝尔在做聋哑人用的"可视语言"实验时，发现了一个有趣的现象：在电流流通和截止时，螺旋线圈会发出噪声，就像电报机发送莫尔斯电码时发出的"滴答"声一样。"电可以发出声音！"思维敏捷的贝尔马上想到，"如果能够使电流的强度变化，模拟出人在讲话时的声波变化，那么，电流将不仅可以像电报机那样输送信号，还能输送人发出的声音，这也就是说，人类可以用电传送声音。"贝尔越想越激动。他想："这一定是一个很有价值的想法。"于是，他将自己的想法告诉电学界的朋友，希望从他们那里得到有益的建议。然而，当这些电学专家听到这个奇怪的设想后，有的不以为然，有的付之一笑，甚至有一位不客气地说："只要你多读几本《电学常识》之类的书，就不会有这种幻想了。"贝尔碰了一鼻子灰，但并不沮丧。他决定向电磁学泰斗亨利先生请教。亨利听了贝尔的一五一十地介绍后，微笑着说："这是一个好主意！我想你会成功的！""尊敬的先生，可我是学语音的，不懂电磁学。"贝尔怯怯地说，"恐怕很难变成现实。""那你就学会它吧。"亨利斩钉截铁地说。得到亨利的肯定和鼓励，贝尔觉得自己的思路更清晰了，决心也更大了。他暗暗打定主意："我一定要发明电话。"此后，贝尔便一头扎进图书馆，从阅读《电学常识》开始，直至掌握了最新的电磁研究动态。有了坚实的电磁学理论知识，贝尔便开始筹备试验。他请来18岁的电器技师沃特森做试验助手。接着，贝尔和沃特森开始实验。他们终日关在实验室里，反复设计方案、加工制作，可一次次都失败了。"我想你会成功的"，亨利的话时时回荡在贝尔的耳边，激励着贝尔以饱满的热情投入研制工作中去。光阴如流水，两个春秋过去了。1875年5月，贝尔和沃特森研制出两台粗糙的样机。这两台样机是在一个圆筒底部蒙上一张薄膜，薄膜中央垂直连接一根炭杆，插在硫酸液里。这样，当人对着它讲话时，薄膜受到振动，炭杆与硫酸接触的地方电阻发生变化，随之电流也发生变化；接收时，因电流变化，也就产生变化的声波。由此实现了声音的传送。可是，经过验证，这两台样机还是不能通话。试验再次失败。经反复研究、检查，贝尔确认样机设计、制作没有什么问题。"可为什么失败了呢？"贝尔苦苦思索着。一天夜晚，贝尔站在窗前，锁眉沉思。忽然，从远处传来了悠扬的吉他声。那声音清脆而又深沉，美妙极了！"对了，沃特森，我们应该制作一个音箱，提高声音的灵敏度。"贝尔从吉他声中得到启迪。

于是，两人马上设计了一个制作方案。一时没有材料，他们把床板拆了。几个小时奋战之后，音箱制成了。1875年6月2日，他们又对带音箱的样机进行试验。贝尔在实验室里，沃特森在隔着几个房间的另一头。贝尔一面在调整机器，一面对着送话器呼唤起来。忽然，贝尔在操作时，不小心把硫酸溅到腿上，他情不自禁地喊道："沃特森先生，快来呀，我需要你！""我听到了，我听到了。"沃特森高兴地从那一头冲过来。他顾不上看贝尔受伤的地方，把贝尔紧紧拥抱住。贝尔此时也忘了疼痛，激动得热泪盈眶。

两年之后的1878年，贝尔在波士顿和纽约之间进行首次长途电话试验（两地相距300公里），结果也获得成功。在这以后，电话很快在北美各大城市盛行起来。

第2章 信号和信号分析

**本章简介**

　　本章简单介绍通信系统中信号的定义、信号的分类以及信号的频谱分析。信号分析是信号处理的基础，分析的目标通常有信号的概率密度、相关性、频谱等，分析目的就是要提取或利用信号的特征。信号是信息的载体，信号特征本质上往往体现信息源的特征。这种特征可以从各个方面（域）表现出来，因此分析也可以从各个方面（域）去进行。

2.1　信号的描述与分类

　　信号是信息的载体，通过信号传递信息。为了有效地传播和利用信息，常常需要将信息转换成便于传输和处理的信号，这说明了"信号是信息的载体，信息是信号的内涵"。信号对于我们来说并不陌生，例如课间的铃声信号，表示该上课了；十字路口的红绿灯——光信号，用来指挥交通；电视机天线接收的电视信息——电信号；广告牌上的文字、图像信号等。

　　信号是信息的一种物理体现，它一般是随时间或位置变化的物理量。信号可以是时间的一元函数，也可以是空间和时间的二元函数，还可以是变换域中变量的函数。

　　信号按物理属性分类，有电信号和非电信号，它们可以相互转换。电信号容易产生，便于控制，易于处理。电信号的基本形式是随时间变化的电压或电流。描述信号常用方法如下。

　　(1) 表示为时间的函数，如式（2-1）所示。式（2-1）是正弦信号，它一般都用三角余弦函数来表示。其中，A 表示最大振幅，ω 为角速度，$\omega t + \phi$ 为信号的相位，ϕ 称为信号的初始相位，也就是在初始时刻的相位。

$$V = A\cos(\omega t + \phi) \tag{2-1}$$

　　(2) 信号的图形表示——波形表示，如图 2-1 所示。

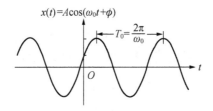

图 2-1　信号的波形表示

信号的分类

1. 确定性信号和随机信号

可以用确定时间函数表示的信号，称为确定性信号或规则信号，如正弦信号。若信号不能用确切的函数描述，它在任意时刻的取值都具有不确定性，只可能知道它的统计特性，如在某时刻取某一数值的概率，这类信号称为随机信号或不确定性信号。电子系统中的起伏热噪声、雷电干扰信号就是两种典型的随机信号。

例如，用 $S(t)$ 来表示一个信号，这个信号的意义为电压 S 是 t 的函数。$S(100)$ 代表 $100\,s$ 时测量得到的电压 S 值。通过这个函数可以知道，任意给定一个时间，都可以得出 S 的值，这就是确知信号；对于正弦波 $S(t)=\cos\left(\pi t+\dfrac{\pi}{4}\right)$，无须等到 $100\,s$ 时去测量，就可以得到彼时的电压一定是 $0.707\,V$，这样的信号也是确知信号。而不可精确预知的信号就是随机信号。

2. 连续信号和离散信号

根据信号定义域的特点，信号可分为连续时间信号和离散时间信号。

（1）连续时间信号

在连续的时间范围内（$-\infty<t<\infty$）有定义的信号称为连续时间信号，简称连续信号，实际中也常称为模拟信号。这里的"连续"指函数的定义域——时间是连续的，但可含间断点，至于值域可连续也可不连续。

（2）离散时间信号

仅在一些离散的瞬间才有定义的信号称为离散时间信号，简称离散信号。实际中也常称为数字信号。这里的"离散"指信号的定义域——时间是离散的，它只在某些规定的离散瞬间给出函数值，其余时间无定义。

3. 周期信号和非周期信号

周期信号（Period Signal）是定义在（$-\infty$，∞）区间，每隔一定时间 T（或整数 N），按相同规律重复变化的信号。

4. 能量信号与功率信号

将信号 $f(t)$ 施加于 1Ω 电阻上，这个信号功率称为归一化功率，它等于电压或电流的平方，见式（2-2）。

$$P = V^2 = I^2 \quad (W) \tag{2-2}$$

因为电信号是电压或电流的时间函数，幅值随时间而变化，假设用 $f(t)$ 来表示，那么信号的瞬态功率为 $f^2(t)$，信号的能量即为瞬态功率在时间上的积分，见式（2-3）。

$$E = \int_{-\infty}^{\infty} f^2(t)\,dt \tag{2-3}$$

如果这个积分值存在，则说明能量信号是有限的，通常把能量有限的信号称为能量信号。

一般情况下，持续时间有限的波形，其能量是有限的，所以都是能量信号；而持续时间无限的波形，其积分值显然会无穷大，实际上是没有什么意义的。这时候积分值除以同样趋于无穷大的时间 T，再求极限，则可能求得一个有限的值，通常把这个值称为信号的平均功率，见式（2-4）。

$$S = \lim_{T \to \infty} \frac{1}{T} \int_{-\frac{T}{2}}^{\frac{T}{2}} f^2(t)\, dt \qquad (2-4)$$

这种能量无限但平均功率有限的信号称为功率信号。通常周期信号都是功率信号。

5. 一维信号与多维信号

从数学表达式来看，信号可以表示为一个或多个变量的函数，称为一维或多维函数。

语音信号可表示为声压随时间变化的函数，这是一维信号。而一张黑白图像每个点（像素）具有不同的光强度，任一点的光强度又是二维平面坐标中两个变量的函数，这是二维信号。还有更多维变量的函数的信号。

2.2　确知信号分析

通信系统中主要存在两大类信号：一种是来自于发送端的、携带信息的信号；另一种是遍布于整个传输过程中的附加的、不含有用信息的噪声信号。对于第一种信号，又分两种信号：一是模拟信号；二是数字信号。其中模拟信号大多为随机信号，而数字信号虽然严格来说也是随机信号，但它是由若干确知信号按某种概率出现组成的。另外，传输中有些信号（如导频信号）本身就是确知信号，因此有必要对确知信号的特性进行研究。而信号的基本分析方法有频域分析法和时域分析法。通过频域分析信号的幅度与相位以及频率之间的关系称为频域分析，分析信号的幅度与时间的关系称为时域分析。实践证明，在很多情况下用频域分析更加方便；而频域分析法中最基本、最常用的方法就是傅里叶变换。

从信号的时间函数求信号频谱的过程称为傅里叶变换，而从信号的频谱求解信号的时间函数的过程称为傅里叶反变换。因此，我们可以知道，给出一个信号，就可以通过傅里叶变换求出信号是频谱；而给出一个信号的频谱，就可以通过傅里叶反变换求出信号来。

2.2.1　周期信号的傅里叶级数

正弦波通常作为调制的载波，还常被用来作为研究系统的参考信号。在遇到较为复杂的信号时，还可以将复杂信号分解为正弦信号来表示，就像拿砖盖房子一样，可以用正弦信号构造其他信号。因此一个复杂的周期信号，可以分解为不同频率的正弦信号的叠加。

任何一个周期为 T 的周期信号 $f(t)$，只要满足狄利赫利条件，就可表示成傅里叶级数，见式（2-5）和式（2-6）。

$$f(t) = \frac{a_0}{2} + \sum_{n=1}^{\infty} (a_n \cos nwt + b_n \sin nwt) \qquad (n = 1, 2, 3, \ldots) \qquad (2-5)$$

$$\text{或} f(t) = \frac{a_0}{2} + \sum_{n=1}^{\infty} A_n (\cos nwt + \phi_n) = \frac{A_0}{2} + \sum_{n=1}^{\infty} A_n \cos(nwt + \phi_n) \qquad (2-6)$$

其中，系数为 $A_0 = a_0 = \dfrac{2}{T} \left(\int_{-\frac{T}{2}}^{\frac{T}{2}} f(t) \right) \mathrm{d}t$ ；

$$a_n = \frac{2}{T} \left(\int_{-\frac{T}{2}}^{\frac{T}{2}} f(t) \right) \cos nwt \mathrm{d}t ;$$

$$b_n = \frac{2}{T} \left(\int_{-\frac{T}{2}}^{\frac{T}{2}} f(t) \right) \sin nwt \mathrm{d}t ;$$

$$A_n = \sqrt{a_n^2 + b_n^2} ; \qquad\qquad \phi_n = -\arctan \frac{b_n}{a_n}.$$

也可展开成指数傅里叶级数，见式（2-7）。

$$f(t) = \sum_{n=-\infty}^{\infty} F_n \mathrm{e}^{jn\omega t} \qquad\qquad (2\text{-}7)$$

式中，$F_n = \dfrac{1}{T} \displaystyle\int_{-\frac{T}{2}}^{\frac{T}{2}} f(t) \mathrm{e}^{-jn\omega t} \mathrm{d}t$ 　（$n = 0,\ \pm 1,\ \pm 2,\ \pm 3,\ \dots$）；

$F_0 = c_0 = a_0$ ；　$F_n = \dfrac{1}{2} c_n \mathrm{e}^{jw_n}$ （称为复振幅）；

$F_{-n} = \dfrac{c_n}{2} \mathrm{e}^{j\varphi_n} = F_n^*$ （是 F_n 的共轭）。

　　一般来说，F_n 是一个复数，由 F_n 确定周期信号 $f(t)$ 的第 n 次谐波分量的幅度，它与频率之间的关系图形称为信号的幅度频谱。由于它不连续，仅存在于 ω_0 的整数倍处，故这种频谱是离散频谱。许多情况下，利用信号的频谱进行分析比较直观方便。

　　可以利用欧拉公式将三角傅里叶级数式（2-5）转换成指数傅里叶级数式（2-7）。

　　【例 2-1】　求图 2-2 周期性非对称周期方波的傅里叶级数并画出频谱图。

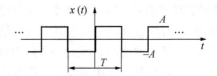

图 2-2　周期性非对称周期方波

　　解　信号的基频：$w = \dfrac{2\pi}{t}$

　　奇函数：$a_0 = a_n = 0$

$$b_n = \frac{2}{T} \left(\int_{-\frac{T}{2}}^{\frac{T}{2}} f(t) \sin nwt \mathrm{d}t \right) = \frac{4}{T} \int_0^{\frac{T}{2}} A \sin nwt \mathrm{d}t = \frac{2A}{n\pi}(1 - \cos n\pi) = \begin{cases} \dfrac{4A}{n\pi} & n = 1,\ 3,\ 5,\ \dots \\[2mm] 0 & n = 0,\ 2,\ 4,\ \dots \end{cases}$$

$$A_n = \sqrt{a_n^2 + b_n^2} = |b_n| = \frac{4A}{n\pi}, \quad \varphi_n = -\frac{\pi}{2} \quad (n = 1,\ 3,\ 5,\ \dots)$$

最后，得傅里叶级数

$$x(t) = \sum_{n=1}^{\infty} \frac{4A}{n\pi} \cos \left(nwt - \frac{\pi}{2} \right) \quad (n = 1,\ 3,\ 5,\ \dots)$$

　　频谱图如图 2-3 所示，图 2-3（a）所示为幅度频谱图，图 2-3（b）所示为相位频谱图。

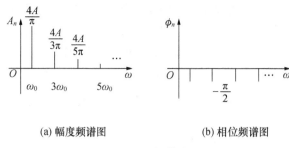

(a) 幅度频谱图　　　　　　　　(b) 相位频谱图

图 2-3　频谱图

2.2.2　非周期信号的傅里叶变换

非周期函数的频谱是连续的，也可以分解为正弦信号的叠加，可以把非周期信号看成是周期信号的无限扩大。但是当周期无限扩大时，傅里叶级数应如何表示呢？我们都知道，频率和周期成反比关系，如果周期无限扩大，那么频率间隔就要无限地缩小，逼近连续。我们可以通过一个例子来进行讲解，如图 2-4 所示，当周期不断增大时，函数趋于连续。这种逼近连续的叠加，在数学上用积分来表示。

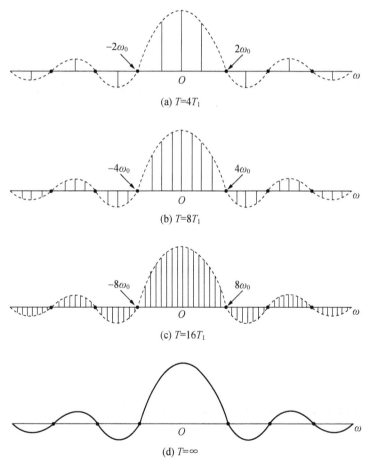

(a) $T=4T_1$

(b) $T=8T_1$

(c) $T=16T_1$

(d) $T=\infty$

图 2-4　周期方波的傅里叶级数系数及其包络（方波宽度固定为 $2T_1$）

积分事实上就是一种特殊的叠加。比如求一个不规则图形的面积，可以将其分解成规则的图形来求面积，最后将这些小面积相加，分得越细，求解就越精确。积分的意义就是把对象分得无限小再求和。分的过程叫微分，加的过程叫积分。这样就可以把周期信号的傅里叶级数用积分改造成非周期信号的"傅里叶级数"。在式（2-7）中，把求和符号"$\sum$"用积分符号"$\int dx$"代替，再对变量做相应的修改，就成了式（2-8）。

$$f(t) = \frac{1}{2\pi}\int_{-\infty}^{\infty} F(\omega)\,\mathrm{e}^{j\omega t}\,\mathrm{d}\omega \tag{2-8}$$

$$F(\omega) = \int_{-\infty}^{\infty} f(t)\,\mathrm{e}^{-j\omega t}\,\mathrm{d}t \tag{2-9}$$

式（2-8）和式（2-9）分别称为傅里叶正变换和傅里叶反变换。从信号的时间函数求信号频谱的过程称为傅里叶变换；而从信号的频谱求解信号的时间函数的过程称为傅里叶反变换。两式称为 $f(t)$ 傅里叶变换对，表示为

$$f(t) \Leftrightarrow F(\omega)$$

显然，给出一个信号，就可以通过傅里叶变换求出信号是频谱；而给出一个信号的频谱，就可以通过傅里叶反变换求出信号来。想要具体求一些常用信号的频谱，可以通过表2-1所示的几种典型波形的傅里叶变换表来查找。

2.2.3　卷积

两个信号相乘，要想得到相乘后的频谱，不能直接将其频谱相乘，而要应用卷积。时域中相乘的两个信号，在频域中可以通过卷积来求得相乘后的频谱。卷积的物理意义是将其中的一个信号移位，再与另一个信号相乘，然后求和叠加。

设有函数 $f_1(t)$ 和 $f_2(t)$，称积分 $\int_{-\infty}^{\infty} f_1(\tau)f_2(t-\tau)\mathrm{d}\tau$ 为 $f_1(t)$ 和 $f_2(t)$ 的卷积，常用 $f_1(t) * f_2(t)$ 表示，即

$$f_1(t) * f_2(t) = \int_{-\infty}^{\infty} f_1(\tau)f_2(t-\tau)\mathrm{d}\tau = \int_{-\infty}^{\infty} f_2(t-\tau)\mathrm{d}\tau \tag{2-10}$$

时域卷积定理见式（2-11）。

令 $f_1(t) \Leftrightarrow F_1(\omega)$，$f_2(t) \Leftrightarrow F_2(\omega)$，则有

$$f_1(t) * f_2(t) \Leftrightarrow F_1(\omega)F_2(\omega) \tag{2-11}$$

频域卷积定理见式（2-12）。

令 $f_1(t) \Leftrightarrow F_1(\omega)$，$f_2(t) \Leftrightarrow F_2(\omega)$，则有

$$f_1(t) * f_2(t) \Leftrightarrow \frac{1}{2\pi}[F_1(\omega) * F_2(\omega)] \tag{2-12}$$

通过卷积定理表明，时域中两个函数的卷积等于在频域中它们频谱的乘积；而在时域中，两个函数的乘积等于在频谱中它们频谱的卷积。通过卷积计算，对于两个信号相乘，第一个信号的频谱被扩展了，这也是扩频通信的基本原理。

表 2-1　几种典型波形的傅里叶变换表

名　称	波形函数 $f(t)$	波形图	频谱函数 $F(\omega)$	频谱图
矩形脉冲	$\begin{cases} E, & |t|<\dfrac{\tau}{2} \\ 0, & |t|\geqslant\dfrac{\tau}{2} \end{cases}$		$E\tau\,\dfrac{\sin\left(\dfrac{\omega\tau}{2}\right)}{\dfrac{\omega\tau}{2}}$	
三角形脉冲	$\begin{cases} 0, & |t|\geqslant\dfrac{\tau}{2} \\ E\left(1-\dfrac{2|t|}{\tau}\right), & |t|<\dfrac{\tau}{2} \end{cases}$		$\dfrac{E\tau}{2}\,\dfrac{\sin^2\left(\dfrac{\omega\tau}{4}\right)}{\dfrac{\omega\tau}{4}}$	
余弦脉冲	$\begin{cases} 0, & |t|\geqslant\dfrac{\tau}{2} \\ E\cos\left(\dfrac{\pi}{\tau}t\right), & |t|<\dfrac{\tau}{2} \end{cases}$		$\dfrac{2E\tau}{\pi}\,\dfrac{\cos\left(\dfrac{\omega\tau}{2}\right)}{1-\left(\dfrac{\omega\tau}{\pi}\right)^2}$	

续表

名　称	波形函数 $f(t)$	波形图	频谱函数 $F(\omega)$	频谱图
梯形脉冲	$f(t)=\begin{cases}0, & \|t\|\geqslant\dfrac{\tau}{2}\\[2mm]\dfrac{2E}{\tau-\tau_1}\left(\dfrac{\tau}{2}+t\right), & -\dfrac{\tau}{2}<t<-\dfrac{\tau_1}{2}\\[2mm]E, & -\dfrac{\tau_1}{2}<t<\dfrac{\tau_1}{2}\\[2mm]\dfrac{2E}{\tau-\tau_1}\left(\dfrac{\tau}{2}-t\right), & \dfrac{\tau_1}{2}<t<\dfrac{\tau}{2}\end{cases}$	（波形图）	$\dfrac{E(\tau+\tau_1)}{2}\times\dfrac{\sin\left(\dfrac{\omega(\tau+\tau_1)}{4}\right)}{\dfrac{\omega(\tau+\tau_1)}{4}}\times\dfrac{\sin\left(\dfrac{\omega(\tau-\tau_1)}{4}\right)}{\dfrac{\omega(\tau-\tau_1)}{4}}$	（频谱图）
指数尖脉冲	$\begin{cases}Ee^{-\alpha t}, & t\geqslant0\\0, & t<0\end{cases}\quad(\alpha>0)$	（波形图）	$\dfrac{E}{\alpha+j\omega}$	（频谱图）
阶跃脉冲	$\begin{cases}0, & t<0\\1, & t\geqslant0\end{cases}$	（波形图）	$F(j\omega)=\dfrac{1}{j\omega}$	（频谱图）

续表

名　称	波形函数 $f(t)$	波形图	频谱函数 $F(\omega)$	频谱图
指数脉冲	$\begin{cases} \dfrac{E}{\beta-\alpha}(\mathrm{e}^{-\alpha t}-\mathrm{e}^{-\beta t}), & t\geqslant 0 \\ 0, & t<0 \end{cases}$ $(\alpha\neq\beta)$		$\dfrac{E}{(\alpha+j\omega)(\beta+j\omega)}$	
衰减正弦振荡	$\begin{cases} E\mathrm{e}^{-\alpha t}\sin\omega_0 t, & t\geqslant 0 \\ 0, & t<0 \end{cases}$ $(\alpha>0)$		$\dfrac{\omega_0 E}{(\alpha+j\omega)^2+\omega_0^2}$	
矩形调幅振荡	$\begin{cases} E\cos\omega_0 t, & |t|\leqslant\dfrac{\tau}{2} \\ 0, & |t|>\dfrac{\tau}{2} \end{cases}$		$\dfrac{E\tau}{2}\times\left[\dfrac{\sin(\omega+\omega_0)\dfrac{\tau}{2}}{(\omega+\omega_0)\dfrac{\tau}{2}}+\dfrac{\sin(\omega-\omega_0)\dfrac{\tau}{2}}{(\omega-\omega_0)\dfrac{\tau}{2}}\right]$	

2.2.4　帕塞瓦尔定理

帕塞瓦尔（Parseval）定理属于卷积的性质之一，对于能量信号，在时域中计算的信号总能量，等于在频域中计算的信号总能量。即：

$$\int_{-\infty}^{\infty} x^2(t) = \int_{-\infty}^{\infty} |X(f)|^2 \mathrm{d}f \tag{2-13}$$

式（2-13）又叫能量等式。

帕塞瓦尔定理指出，一个信号所含有的能量（功率）恒等于此信号在完备正交函数集中各分量能量（功率）之和。它表明信号在时域的总能量等于信号在频域的总能量，即信号经傅里叶变换后其总能量保持不变，符合能量守恒定律。

2.2.5　能量谱密度和功率谱密度

（1）能量谱密度

单位频带内信号的能量定义为能量谱密度（简称能量谱），单位是焦/赫，用 $E_f(\omega)$ 来表示，见式（2-14）。

$$E_f(\omega) = |F(\omega)|^2 \tag{2-14}$$

能量信号在整个频率范围内的全部能量与能量谱之间的关系可用式（2-15）表示。

$$E = \frac{1}{2\pi} \int_{-\infty}^{\infty} E_f(\omega) \mathrm{d}\omega \tag{2-15}$$

可以证明：能量信号 $f(t)$ 的自相关函数和能量谱密度是一对傅里叶变换，即

$$R_f(\tau) \Leftrightarrow E_f(\omega)$$

（2）功率谱密度

单位频带内信号的平均功率定义为功率谱密度（简称功率谱），单位是瓦/赫，用 $P_f(\omega)$ 来表示，见式（2-16）。

$$P_f(\omega) = \lim_{T \to \infty} \frac{F_T(\omega)^2}{T} \tag{2-16}$$

整个频率范围内信号的总功率与功率谱之间的关系可用式（2-17）表示。

$$P = \frac{1}{2\pi} \int_{-\infty}^{\infty} P_f(\omega) \mathrm{d}\omega \tag{2-17}$$

可以证明：功率信号 $f(t)$ 的自相关函数和功率谱密度是一对傅里叶变换，即

$$R_f(\tau) \Leftrightarrow P_f(\omega)$$

2.3　随机信号分析

通信系统中遇到的信号，通常总带有某种随机性，即它们的某个或某几个参数不能预知或不可能完全预知（如能预知，通信就失去意义）。这种具有随机性的信号称为随机信号，"随机"两个字的本义含有不可预测的意思，因此不能用单一时间函数来表达。随机变量是一个与时间无关的量，随机变量的某个结果，是一个确定的数值。例如，骰子的6

面，点数总是在 1～6 之间，假设 A 面点数为 1，那么无论何时投掷成 A 面，它的点数都是 1，不会出现其他的结果，即结果具有同一性。但生活中，许多变量是随时间变化的，例如，测量接收机的电压，它是一个随时间变化的曲线；又如频率源的输出频率，它随温度变化，所以有个频率稳定度范围的概念（即偏离标称频率的最大范围）。这些随时间变化的随机变量称为随机过程。随机过程是由随机变量构成的，与时间相关。

从统计数学的观点看，随机信号和噪声统称为随机过程。因而，统计数学中有关随机过程的理论可以运用到随机信号和噪声分析中来，其基本分析方法主要是通过分析其基本的数字特征，如均值、方差、相关函数等来实现的。

1. 随机过程的一般概念

通信过程中的随机信号和噪声均可归纳为依赖于时间参数 t 的随机过程。这种过程的基本特征是，它是时间 t 的函数，但在任一时刻观察到的值却是不确定的，是一个随机变量。或者，它可看成是一个由全部可能实现构成的总体，每个实现都是一个确定的时间函数，而随机性就体现在出现哪一个实现是不确定的。例如，设有 n 台性能相同的通信机，它们的工作条件也相同，现用 n 部记录仪同时记录各部通信机的输出噪声波形。测试结果将会表明，得到的 n 张记录图形并不因为有相同的条件而输出相同的波形。恰恰相反，即使 n 足够的大，也找不到两个完全相同的波形。也就是说，通信机输出的噪声电压随时间的变化是不可预知的，因而它是一个随机过程。这样的一次记录就是一个实现，无数个记录构成的总体就是一个随机过程。

因此，随机过程可以定义为是依赖于时间参量 t 变化的随机变量的总体或集合；也可以叫做样本函数的总体或集合，习惯用 $\xi(t)$ 表示。

2. 随机过程的分布函数和概率密度

随机过程的统计特征是通过它的概率分布或数字特征加以表述的。设 $\xi(t)$ 表示一个随机过程，在任意给定的时刻 t_1，其取值 $\xi(t_1)$ 是一个随机变量。显然，这个随机变量的统计特性可以用分布函数或概率密度函数来描述，称

$$F_1(x_1, t_1) = P[\xi(t_1) \leq x_1] \tag{2-18}$$

为随机过程 $\xi(t)$ 的一维分布函数。如果 $F_1(x_1, t_1)$ 对 x_1 的偏导数存在，即有

$$\frac{\partial F_1(x_1, t_1)}{\partial x_1} = f_1(x_1, t_1) \tag{2-19}$$

则称 $f_1(x_1, t_1)$ 为 $\xi(t)$ 的一维概率密度函数。

但是在一般情况下，用一维分布函数去描述随机过程的完整统计特性是极不充分的，通常需要在足够多的时间上考虑随机过程的多维分布函数。

因此任意给定 $t_1, t_2, \ldots, t_n$，则 $\xi(t)$ 的 n 维分布函数被定义为

$$F_n(x_1, x_2, \ldots, x_n; t_1, t_2, \ldots, t_n) = P(\xi(t_1) \leq x_1, \xi(t_2) \leq x_2, \ldots, \xi(t_n) \leq x_n) \tag{2-20}$$

而

$$\frac{\partial^n F_n(x_1, x_2, \ldots, x_n; t_1, t_2, \ldots, t_n)}{\partial x_1 \partial x_2 \ldots \partial x_n} = f_n(x_1, x_2, \ldots, x_n; t_1, t_2, \ldots, t_n) \tag{2-21}$$

则称 $f_n(x_1, x_2, \ldots, x_n; t_1, t_2, \ldots, t_n)$ 为 $\xi(t)$ 的 n 维概率密度函数。显然，n 越大，用 n 维分布函数或 n 维概率密度函数去描述 $\xi(t)$ 的统计特性就越充分。

3. 随机过程的数字特征

分布函数和概率密度函数虽然能够全面地描述随机过程的统计特性，但在实际工作中，有时不易或不需要求出分布函数和概率密度函数，而用随机过程的数字特征来描述随机过程的统计特性。

（1）数学期望（统计平均值）

定义随机过程的数学期望为

$$E[\xi(t)] = \int_{-\infty}^{\infty} x f_1(x,t) \mathrm{d}x \qquad (2\text{-}22)$$

并记为 $E[\xi(t)] = a(t)$。这里，随机过程的数学期望本应该在某一特定时刻 t_1 求得，因此数学期望与时间 t_1 有关。然而，t_1 代表的是任意时刻，因此可把 t_1 直接写出 t。由此可以看出，随机过程的数学期望是时间 t 的函数。

随机过程数学期望的物理意义为：如果随机过程表示接收机的输出电压，那么它的数学期望就是输出电压的瞬时统计平均值，也可以说是信号或噪声的直流功率。

（2）方差

定义随机过程的方差为

$$D[\xi(t)] = E\{[\xi(t) - a(t)]^2\} = E[\xi^2(t)] - [a(t)]^2 = \int_{-\infty}^{\infty} x^2 f_1(x,t) \mathrm{d}x - [a(t)]^2 \qquad (2\text{-}23)$$

$D[\xi(t)]$ 也常记为 $\sigma^2(t)$，$D[\xi(t)]$ 描述了随机过程偏离其数学期望的程度。

随机过程方差的物理意义是：信号或噪声的交流功率。

（3）相关函数

协方差的定义为

$$B(t_1, t_2) = E\{[\xi(t_1) - a(t_1)][\xi(t_2) - a(t_2)]\} = E[\xi(t_1)\xi(t_2)] - a(t_1)a(t_2)$$

$$= \int_{-\infty}^{\infty} \int_{-\infty}^{\infty} [x_1 - a(t_1)][x_2 - a(t_2)]f_2(x_1, x_2; t_1, t_2)\mathrm{d}x_1 \mathrm{d}x_2 \qquad (2\text{-}24)$$

式中，t_1 与 t_2 是任意的两个时刻，$a(t_1)$ 与 $a(t_2)$ 为在 t_1 及 t_2 得到的数学期望。

$$R(t_1, t_2) = E[\xi(t_1)\xi(t_2)] = \int_{-\infty}^{\infty} \int_{-\infty}^{\infty} x_1 x_2 f_2(x_1, x_2; t_1, t_2)\mathrm{d}x_1 \mathrm{d}x_2 \qquad (2\text{-}25)$$

若 $t_1 > t_2$，并令 $t_2 = t_1 + \tau$，则 $R(t_1, t_2)$ 可表示为 $R(t_1, t_1 + \tau)$。相关函数是 t_1 和 τ 的函数。自协方差函数与自相关函数之间的关系式为

$$B(t_1, t_2) = R(t_1, t_2) - a(t_1)a(t_2) \qquad (2\text{-}26)$$

由于 $B(t_1, t_2)$ 和 $R(t_1, t_2)$ 是衡量同一过程的相关程度的，因此，它们又常分别称为自协方差函数和自相关函数。对于两个或更多个随机过程，可引入互协方差及互相关函数。设 $\xi(t)$ 和 $\eta(t)$ 分别表示两个随机过程，则互协方差函数定义为

$$B_{\xi\eta}(t_1, t_2) = E\{[\xi(t_1) - a_\xi(t_1)][\eta(t_2) - a_\eta(t_2)]\} \qquad (2\text{-}27)$$

而互相关函数定义为

$$R_{\xi\eta}(t_1, t_2) = E[\xi(t_1)\eta(t_2)] \qquad (2\text{-}28)$$

3. 平稳随机过程

在通信中，常常把稳定状态下的随机过程当做平稳随机过程来处理，这样，任何时候来测量这个随机过程，都会得到同样的结果，从而大大简化了数学模型。对一些非平稳的

随机过程，在较短的时间内，常常把它作为平稳随机过程来处理。

然而，对于一个平稳过程，计算其一阶和二阶统计特性是很困难的，而计算其一定时间内的算术平均值则相对容易。如果其统计特性与算术平均特性在概率意义下相等，我们称之为遍历性，也叫各态历经性。

通信系统中的信号及噪声，大多数可视为平稳的随机过程。因此，研究平稳随机过程具有很大的实际意义。

平稳随机过程可以分为严平稳随机过程和宽平稳随机过程两种。

（1）严平稳随机过程（狭义平稳随机过程）

严平稳随机过程是指它的任意 n 维分布函数或概率密度函数与时间起点无关，即随机过程 $\xi(t)$ 的 n 维概率密度函数满足式（2-29）。

$$f_n(x_1, x_2, \ldots, x_n; t_1, t_2, \ldots, t_n) = f_n(x_1, x_2, \ldots, x_n; t_1 + \tau, t_2 + \tau, \ldots, t_n + \tau) \quad (2-29)$$

则称 $\xi(t)$ 为严平稳随机过程，或称狭义平稳随机过程。严平稳随机过程的特点是它的统计特性与所选取的时间起点无关，并且整个过程的统计特性不随时间的推移而变化。按照严平稳随机过程的定义，判断一个随机过程是否为严平稳随机过程，需要知道其 n 维概率密度。但是求 n 维概率密度是比较困难的。不过，如果有一个反例，就可以判断某随机过程不是严平稳的，具体方法有两个：

① 若 $\xi(t)$ 为严平稳随机过程，k 为任意正整数，则 $E[X^k(t)]$ 与时间 t 无关。

② 若 $\xi(t)$ 为严平稳随机过程，则对于任一时刻 t_0，$\xi(t_0)$ 具有相同的统计特性。

（2）宽平稳随机过程（广义平稳随机过程）

若随机过程 $\xi(t)$ 的均值为常数，与时间 t 无关，而自相关函数仅是 τ 的函数，则称其为宽平稳随机过程或广义平稳随机过程。按此定义得知，对于宽平稳随机过程

$$\begin{cases} E[\xi(t)] = a = 常数 \\ R(t_1, t_2) = E[\xi(t_1)\xi(t_1 + \tau)] = R(\tau) \end{cases} \quad (2-30)$$

严平稳随机过程一定也是宽平稳随机过程；反之，宽平稳随机过程就不一定是严平稳随机过程。但对于高斯随机过程两者是等价的。通信系统中所遇到的信号及噪声，大多数可视为宽平稳随机过程。

（3）平稳随机过程自相关函数的性质

设 $\xi(t)$ 为一平稳随机过程，则其自相关函数 $R(\tau)$ 有如下性质：

$$\begin{cases} R(0) = E[\xi^2(t)] = S[\xi(t)的平均功率] \\ R(t) = R(-\tau)[R(\xi)是偶函数] \\ |R(\tau)| \leqslant R(0)[R(\tau)的上界] \\ R(\infty) = E^2[\xi(t)][\xi(t)的直流功率] \\ R(0) - R(\infty) = \sigma^2[方差，\xi(t)的交流功率] \end{cases} \quad (2-31)$$

由上述性质可知，用自相关函数几乎可以表述 $\xi(t)$ 的主要特征，因而上述性质有明显的实用价值。

【例 2-2】 设平稳随机过程 $X(t)$ 的自相关函数为 $R_X(\tau) = 25 + \dfrac{4}{1 + \tau^2}$，求其均值和方差。

解 由自相关函数的性质可得

$$R(0) = E[X^2(t)] = 25 + \frac{4}{1+0} = 29; \ R(\infty) = E^2[X(t)] = 25.$$

所以均值为：$E[X(t)] = \pm 5$；

方差为：$\sigma^2 = R(0) - R(\infty) = 29 - 25 = 4.$

4. 高斯随机过程

若高斯过程 $\xi(t)$ 的任意 n 维（$n = 1$，2，…）分布都是正态分布，则称它为高斯随机过程或正态过程。

高斯过程的性质如下所述。

（1）若高斯过程是宽平稳随机过程，则它也是严平稳随机过程。也就是说，对于高斯过程来说，宽平稳和严平稳是等价的。

（2）若高斯过程中的随机变量之间互不相关，则它们也是统计独立的。

（3）高斯过程的线性组合仍是高斯过程。

（4）高斯过程经过线性变换（或线性系统）后的过程仍是高斯过程。

 **本章小结**

本章主要学习了信号的定义及信号的分类，了解信号的性质，包括傅里叶变换、确知信号分析和随机信号分析等相关内容。理解随机过程的特点及其统计特性，理解平稳随机过程及其在实际中的应用，熟悉高斯过程的定义。

 **课后习题**

1. 正弦信号 $f(t) = 5\cos(16\pi t + 20)$ 的幅度为（　　　）V，频率是（　　　）Hz，相位是（　　　）弧度。
2. 什么是确知信号？什么是随机信号？
3. 请简述能量谱密度和功率谱密度。并简述它们与自相关函数的关系。
4. 试说明随机过程几个主要数字特征的意义。

 **通信故事**

傅里叶

法国数学家、物理学家傅里叶，1768 年 3 月 21 日生于欧塞尔，1830 年 5 月 16 日卒于巴黎；他 9 岁父母双亡，被当地教堂收养；12 岁由一主教送入地方军事学校读书；17 岁（1785）回乡教数学；1794 年到巴黎，成为高等师范学校的首批学员，次年到巴黎综合工科学校执教；1798 年随拿破仑远征埃及时任军中文书和埃及研究院秘书；1801 年回国后任伊泽尔省地方长官；1817 年当选为科学院院士；1822 年任该院终身秘书，后又任法兰西学院终身秘书和理工科大学校务委员会主席。

傅里叶的主要贡献是在研究热的传播时创立了一套数学理论。1807 年傅里叶向巴黎科学院呈交《热的传播》论文，推导出著名的热传导方程，并在求解该方程时发现解函数可以由三角函数构成的级数形式表示，从而提出任一函数都可以展成三角函数的无穷级数。傅里叶级数（即三角级数）、傅里叶分析等理论均由此创始。傅里叶变换的基本思想首先由傅里叶提出，所以以其名字来命名以示纪念。从现代数学的眼光来看，傅里叶变换是一种特殊的积分变换，它能将满足一定条件的某个函数表示成正弦基函数的线性组合或者积分。在不同的研究领域，傅里叶变换具有多种不同的变体形式，如连续傅里叶变换和离散傅里叶变换。

　　傅里叶变换属于调和分析的内容。"分析"，就是"条分缕析"。通过对函数的"条分缕析"来达到对复杂函数的深入理解和研究。从哲学上看，"分析主义"和"还原主义"，就是通过对事物内部适当的分析达到增进对其本质理解的目的。比如近代原子论试图把世界上所有物质的本源分析为原子，而原子不过数百种而已，相对物质世界的无限丰富，这种分析和分类无疑为认识事物的各种性质提供了很好的手段。

　　在数学领域也是这样，尽管最初傅里叶分析是作为热过程的解析分析的工具，但是其思想方法仍然具有典型的还原论和分析主义的特征。"任意"的函数通过一定的分解，都能够表示为正弦函数的线性组合的形式，而正弦函数在物理上是被充分研究并且是相对简单的函数类，这一想法跟化学上的原子论想法何其相似！奇妙的是，现代数学发现傅里叶变换具有非常好的性质，使得它如此地好用和有用，让人不得不感叹造物的神奇。

第 3 章　信道和噪声

本章简介

　　信号的传输通道是信道，信道是通信系统中重要的组成部分，信道中的噪声也是不可避免的，因此了解信道和噪声对了解信号的传输原理是至关重要的。本章着重讲述信道的特性对信号传输的影响，重点需要掌握信道的基本概念和数学模型，了解恒参信道及其对所传信号的影响、随参信道及其对所传信号的影响、信道中存在的加性噪声、噪声对信号传输的影响，掌握信道容量的计算。

3.1　信道的定义

　　信道，通俗地说，是指以传输媒质为基础的信号通道。具体来说，信道是指由有线或无线电线路提供的信号通道。信道的作用是传输信号，它提供一段频带让信号通过，同时又给信号加以限制和损害。

　　通常，仅用于信号传输的信道称为狭义信道。目前采用的传输媒介有架空明线、电缆、光导纤维（光缆）、中长波地表波传播、超短波及微波视距传播（含卫星中继）、短波电离层反射、超短波流星余迹散射、对流层散射、电离层散射、超短波超视距绕射、波导传播、光波视距传播等。可以看出，狭义信道是指在发送设备和接收设备中间的传输媒介（以上所列）。狭义信道的定义直观，易理解。

　　从研究消息传输的观点看，我们所关心的只是通信系统中的基本问题，因而，信道的范围还可以扩大。除了包括传输媒外，信道还可能包括有关的转换器，如天线、调制器、解调器等，通常将这种扩大了范围的信道称为广义信道。在讨论通信的一般原理时，通常采用的是广义信道。为了进一步理解信道的概念，下面对信道进行分类。

3.2　信道的分类

　　由信道的定义可以看出，信道可大体分成两类：狭义信道和广义信道。

1. 狭义信道

狭义信道通常按具体媒介的不同类型而分为有线信道和无线信道。

（1）有线信道

所谓有线信道，是指传输媒介为明线、对称电缆、同轴电缆、光缆及波导等一类能够看得见的媒介。有线信道是现代通信网中最常用的信道之一，如对称电缆（又称电话电缆）广泛应用于（市内）近程传输。但信号在传输过程中肯定会有衰减，也肯定会有时延。比如，有线电视信号随着有线电视台到用户之间的距离越来越远而衰减得越来越严重。那么有线电视台是如何保证长距离传输有线电视信号时不衰减的呢？有线电视传输距离是通过中转站（地方有线电视台）进行有线电视信号的放大，以解决由传输距离造成的衰减；同时对于没有中转站、距离较远的地方，比如城市到乡镇再到各区等，都是采用干线放大器进行信号放大（例如，路边电线杆上的小盒子就是专用于高频电视信号放大的）。目前，大多数城市都采用光纤作为主干线传输，到用户端时采用分配器接入。这样可以更好地解决信号衰减问题。

（2）无线信道

无线信道的传输媒介比较多，它包括短波电离层反射、对流层散射等。可以这样认为，凡不属有线信道的媒介均为无线信道的媒介。无线信道具有方便、灵活、通信者可移动等优点，但无线信道的传输特性没有有线信道的传输特性稳定和可靠。移动通信系统多建于大中城市的市区，城市中的高楼林立、高低不平、疏密不同、形状各异，这些都使移动通信中无线电波的传播路径进一步复杂化，并导致其传输特性变化十分剧烈，使得移动台接收到的电波一般是直射波和随时变化的绕射波、反射波、散射波的叠加，这样就造成所接收信号的电场强度起伏不定，这种现象称为衰落。无线信号的衰减主要有 3 种。

① 自然的衰减。电磁波即使在无遮无挡的自由空间传播，功率也会随传输距离的增加而衰减，衰减量大约是传输距离的 3～4 倍，这种衰减成为路径衰减。

② 电磁波遇到起伏的地形、建筑物或障碍物时，因为阻塞而发生的衰减，这种衰减称为阴影衰减。

③ 由电磁波的多径传输引起的，也叫瑞利衰减。由于电波通过各个路径的距离不同，因而各个路径来的反射波到达时间不同，相位也就不同。不同相位的多个信号在接收端叠加，有时叠加而加强（方向相同），有时叠加而减弱（方向相反）。这样，接收信号的幅度将急剧变化，即产生了衰落。

2. 广义信道

广义信道通常也可分成两种：调制信道和编码信道。

（1）调制信道

调制信道是从研究调制与解调的基本问题出发而构成的，它的范围是从调制器输出端到解调器输入端，如图 3-1 所示。由于从调制和解调的角度来看，只关心解调器输出的信号形式和解调器输入信号与噪声的最终特性，并不关心信号的中间变化过程，因此，定义调制信道对于研究调制与解调问题是方便和恰当的。

（2）编码信道

在数字通信系统中，如果仅着眼于编码和译码问题，则可得到另一种广义信道——编码信道。这是因为，从编码和译码的角度看，编码器的输出仍是某一数字序列，而译码器输入同样也是一数字序列，它们在一般情况下是相同的数字序列。因此，从编码器输出端到译码器输入端的所有转换器及传输媒介可用一个完成数字序列变换的方框加以概括，此方框称为编码信道。编码信道示意图如图 3-1 所示。

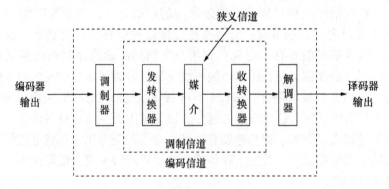

图 3-1   调制信道和编码信道

根据研究对象和关心问题的不同，还可以定义其他形式的广义信道。

3.3   信道的数学模型

为了分析信道的一般特性及其对信号传输的影响，我们在信道定义的基础上，引入调制信道和编码信道的数学模型。

3.3.1   调制信道模型

在频带传输系统中，调制器输出的已调信号即被送入调制信道。对于研究调制与解调性能而言，可以不管调制信道究竟包括了什么样的变换器，也不管选用了什么样的传输媒质，以及发生了怎样的传输过程，我们只需关心已调信号通过调制信道后的最终结果，即只需关心调制信道输入信号与输出信号之间的关系。通过对调制信道进行大量的分析研究，发现它们有如下共性：

（1）有一对（或多对）输入端和一对（或多对）输出端；

（2）绝大部分信道都是线性的，即满足叠加原理；

（3）信号通过信道具有一定的迟延时间；

（4）信道对信号有损耗（固定损耗或时变损耗）；

（5）即使没有信号输入，在信道的输出端仍可能有一定的功率输出（噪声）。

根据上述共性，我们可用一个二对端（或多对端）的时变线性网络来表示调制信道。这个网络就称作调制信道模型，如图 3-2 所示。

对于二对端的信道模型来说，其输出与输入之间的关系为：

$$e_0(t) = f[e_i(t)] + n(t) \tag{3-1}$$

式中，$e_i(t)$ 为输入的已调信号；$e_0(t)$ 为调制信道总输出波形；$n(t)$ 为信道噪声（或称信道干扰）。$n(t)$ 与 $e_i(t)$ 无依赖关系，或者说 $n(t)$ 独立于 $e_i(t)$，常称 $n(t)$ 为加性干扰（噪声）。$f[e_i(t)]$ 表示已调信号通过网络所发生的时变线性变换。

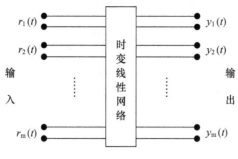

图 3-2　信道模型

为了进一步理解信道对信号的影响，我们假定 $f[e_i(t)]$ 可简写成 $k(t) \cdot e_i(t)$。其中，$k(t)$ 依赖于网络的特性，$k(t)$ 乘以 $e_i(t)$ 反映网络特性对 $e_i(t)$ 的 "时变线性" 作用。$k(t)$ 的存在，对 $e_i(t)$ 来说是一种干扰，常称为乘性干扰。

于是，式（3-1）可写成

$$e_0(t) = k(t) \cdot e_i(t) + n(t) \tag{3-2}$$

由以上分析可见，信道对信号的影响可归纳为两点：一是乘性干扰 $k(t)$，二是加性干扰 $n(t)$。如果了解了 $k(t)$ 和 $n(t)$ 的特性，则信道对信号的具体影响就能确定。不同特性的信道，仅反映信道模型有不同的 $k(t)$ 及 $n(t)$。

我们期望的信道（理想信道）应是 $k(t) =$ 常数，$n(t) = 0$，即

$$e_0(t) = k \cdot e_i(t) \tag{3-3}$$

实际中，乘性干扰 $k(t)$ 是一个复杂函数，它可能包括各种线性畸变、非线性畸变。同时由于信道的延时特性和损耗特性随时间作随机变化，故 $k(t)$ 往往只能用随机过程加以表述。不过，经大量观察表明，有些信道的 $k(t)$ 基本不随时间变化，也就是说，信道对信号的影响是固定的或变化极为缓慢的；而有的信道却不然，它们的 $k(t)$ 是随机变化的。因此，在分析研究乘性干扰 $k(t)$ 时，可以把调制信道粗略地分为两大类：一类称为恒参信道（恒定参数信道），即它们的 $k(t)$ 可看成不随时间变化或变化极为缓慢；另一类则称为随参信道（随机参数信道，或称变参信道），它是非恒参信道的统称，其 $k(t)$ 是随时间随机快速变化的。

1. 恒参信道举例

通常，把前面所列的架空明线、电缆、波导、中长波地波传播、超短波及微波视距传播、卫星中继、光导纤维以及光波视距传播等传输媒介构成的信道称为恒参信道。下面介绍几种有代表性的恒参信道。

明线导线通常采用铜线、铝线或钢线（铁线），线径为 3 mm 左右。对铜线、铝线来说，长距传输的最高允许频率为 150 kHz 左右，可复用 16 个话路；在短距传输时，有时传输频率可达 300 kHz 左右，可再增开 12 个话路。明线信道易受天气变化和外界电磁干扰，通信质量不够稳定，而且信道容量较小，不能传输视频信号和高速数字信号。

双绞线，是最古老但又是最常用的传输媒体。把两根互相绝缘的铜导线并排放在一起，然后用规则的方法扭绞起来就构成了双绞线。采用这种绞起来的结构是为了防止电磁干扰。使用双绞线最多的就是电话系统，差不多所有的电话都是用双绞线连接到电话交换机上的。

模拟传输和数字传输都可以使用双绞线，其通信距离一般为几公里到十几公里。在模拟传输时，如果距离太长，就要用放大器将衰减的信号放大到合适的数值。在数字传输时，需要用中继器对失真的数字信号进行整形。导线越粗，其通信距离就越远，但导线的价格也越高。由于双绞线的价格便宜且性能也不错，因此使用十分广泛。

为了提高双绞线的抗电磁干扰的能力，可以在双绞线的外面再加上一个用金属丝编织成的屏蔽层，也就是屏蔽双绞线，价格比无屏蔽双绞线要贵一些。

光纤通信是利用光导纤维（简称光纤）传递光脉冲来进行通信。有光脉冲相当于 1，没有光脉冲相当于 0。由于可见光的频率非常高，约为每秒 108 量级，因此光纤通信系统的传输带宽远远大于目前其他各种传输媒体的带宽。光纤是光纤通信的传输媒体，在发送端有光源，可以采用发光二极管或半导体激光器，它们在电脉冲的作用下能产生出光脉冲。在接收端利用光电二极管做成光检测器，在检测到光脉冲时可还原出电脉冲。光纤通常由非常透明的石英玻璃拉成细丝，主要由纤芯和包层构成双层通信圆柱体纤芯用来传导光波，包层较纤芯有较低的折射率。当光线从高折射率的媒体折向低折射率的媒体时，其折射角将大于入射角，如果入射角足够大，就会出现全反射，即光线碰到包层时就会折回纤芯。这个过程不断重复，光也就沿着光纤传输下去。

从上面列举的恒参信道的例子可以看出，恒参信道对信号传输的影响是确定的或者变化极其缓慢的。因此，可以认为它等效于一个非时变的线性网络。因此，只要得到这个网络的传输特性，就可以利用信号通过线性系统的分析方法，求出已调信号通过恒参信道的变化规律。但是在一般情况下，恒参信道并不是理想网络，其参数随时间不变化或变化特别缓慢，它对信号的主要影响可用幅度-频率畸变（幅频失真）和相位-频率畸变（相频失真）来衡量。幅频失真是指信号中不同频率的分量分别受到信道不同的衰减，它对模拟信道影响较大（如模拟电话信道），导致信号波形畸变，输出信噪比下降。相频失真（或群延时失真）是指信号中不同频率分量分别受到信道不同的时延，它对数字通信影响大，会引起严重的码间干扰，造成误码。

因此，在实际信道中常采用"均衡"措施去补偿信道的传输特性，使总的信道特性趋于平坦。

2. 随参信道举例

随参信道是指乘性干扰 $k(t)$ 是一个随机过程，且 $k(t)$ 随时间快速变化的信道。

陆地移动通信工作频段主要在 VHF 和 UHF 频段，电波传播特点是以直射波为主。但是，由于城市建筑群和其他地形地物的影响，电波在传播过程中会产生反射波、散射波以及它们的合成波，电波传输环境较为复杂。移动信道是典型的随参信道。

短波电离层反射信道是指利用地面发射的无线电波在电离层与地面之间的一次反射或多次反射所形成的信道。电离层是离地面 $60 \sim 600 \text{ km}$ 的大气层，由分子、原子、离子及自由电子组成。由于太阳辐射的变化，电离层密度和厚度随时间随机变化，因此短波电离层反射信道是随参信道。

短波电离层反射信道的优点是：

（1）要求的功率较小，终端设备的成本较低；

（2）传播距离远，且与长波比较，传输频带更宽；

（3）受地形限制较小；

（4）不易受到人为破坏，军事通信上有重要意义。

因此短波电离层反射信道现在仍然是远距离传输的重要信道之一。

短波电离层反射信道的缺点是：

（1）存在快衰落与多径时延失真；

（2）电离层的骚动、暴变等会引起较长时间的通信中断，传输可靠性差；

（3）需经常更换工作频率，使用不便；

（4）干扰电平高。

对流层（离地面 $10 \sim 12$ km 以下的大气层称对流层）散射信道是一种超视距的传播信道，其传播距离一般约为 $100 \sim 500$ km，可工作在超短波和微波波段。由于气体分子、雨雾中小滴，使对流层结构不均匀造成电波产生折射、反射、散射等，从而引起衰落。对流层散射信道中的衰落可分为慢衰落和快衰落两种，前者取决于气象条件，后者由多径传播引起。

对流层散射信道的应用场合是干线通信每隔 300 km 左右建立一个中继站，以达到远距离传输；点对点主要应用于海岛与陆地、边远地区与中心城市之间的通信。

概括起来，随参信道传输媒介通常具有以下特点：

（1）对信号的衰耗随时间随机变化；

（2）信号传输的时延随时间随机变化；

（3）多径传播。

由于随参信道比恒参信道复杂得多，它对信号传输的影响也比恒参信道严重得多。因此，随参信道的衰落，将会严重降低通信系统的性能，必须设法改善。对于慢衰落，主要采取加大发射功率和在接收机内采用自动增益控制等技术和方法。对于快衰落，通常可采用多种措施，例如，各种抗衰落的调制/解调技术、抗衰落接收技术及扩频技术等。其中，最有效且最常用的抗衰落措施是分集接收技术。

快衰落信道中接收的信号是到达接收机的各径分量的合成。这样，如果能在接收端同时获得几个不同的合成信号，并将这些信号适当合并构成总的接收信号，将有可能大大减小衰落的影响。这就是分集接收的基本思想。分集两字的含义是，分散得到几个合成信号，而后集中（合并）处理这些信号。理论和实践证明，只要被分集的几个合成信号之间是统计独立的，那么经过适当的合并后就能使系统性能大为改善。

为了获取互相独立或基本独立的合成信号，一般利用不同路径或不同频率、不同角度、不同极化等接收手段来实现，于是大致有如下几种分集方式。

（1）空间分集。在接收端架设几副天线，天线间要求有足够的距离（一般在 100 个信号波长以上），以保证各天线上获得的信号基本相互独立。

（2）频率分集。用多个不同载频传送同一个消息，如果各载频的频差相隔比较远，则各分散信号也基本互不相关。

（3）角度分集。这是利用天线波束不同指向上的信号互不相关的原理形成的一种分集方法，例如在微波面天线上设置若干个反射器，产生相关性很小的几个波束。

（4）极化分集。这是分别接收水平极化和垂直极化波而构成的一种分集方法。一般来说，这两种波是相关性极小的（在短波电离层反射信道中）。

当然，还有其他分集方法，这里就不详细介绍了。但要指出的是，分集方法均不是互相排斥的，在实际使用时可以互相组合。例如，由二重空间分集和二重频率分集组成四重分集系统等。

分集接收除能提高接收信号的电平外，主要是改善了衰落特性，使信道的衰落平滑了、减小了。例如，无分集时，若误码率为 10^{-2}，则利用四重分集时，误码率可降低至 10^{-7} 左右。由此可见，用分集接收方法对随参信道进行改善是非常有效的。

3.3.2　编码信道模型

编码信道是包括调制信道及调制器、解调器在内的信道。编码信道与调制信道模型有明显的不同：调制信道对信号的影响是通过 $k(t)$ 和 $n(t)$ 使调制信号发生"模拟"变化；而编码信道对信号的影响则是一种数字序列的变换，即把一种数字序列变成另一种数字序列。故有时把调制信道看成是一种模拟信道，而把编码信道看成是一种数字信道。

由于编码信道包含调制信道，因而它同样要受到调制信道的影响。但是，从编/译码的角度看，这个影响已反映在解调器的输出数字序列中，即输出数字序列以某种概率发生差错。显然，调制信道越差，即特性越不理想和加性噪声越严重，则发生错误的概率就会越大。因此，编码信道的模型可用数字信号的转移概率来描述。例如，最常见的二进制数字传输系统的一种简单的编码信道模型如图 3-3 所示。之所以说这个模型是"简单的"，是因为在这里假设解调器每个输出码元的差

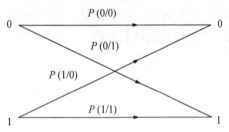

图 3-3　二进制编码信道模型

错发生是相互独立的。用编码的术语来说，这种信道是无记忆的（当前码元的差错与其前后码元的差错没有依赖关系）。

在这个模型里，把 $P(0/0)$、$P(1/0)$、$P(0/1)$、$P(1/1)$ 称为信道转移概率。以 $P(1/0)$ 为例，其含义是"经信道传输，把 0 转移为 1"。具体来说，我们把 $P(0/0)$ 和 $P(1/1)$ 称为正确转移概率，而把 $P(1/0)$ 和 $P(0/1)$ 称为错误转移概率。根据概率性质可知：

$$P(0/0) + P(1/0) = 1 \qquad\qquad (3-4)$$

$$P(0/1) + P(1/1) = 1 \qquad\qquad (3-5)$$

转移概率完全由编码信道的特性决定，一个特定的编码信道就会有相应确定的转移概率。需要指出的是，编码信道的转移概率一般需要对实际编码信道做大量的统计分析才能得到。

由二进制编码信道模型容易推出多进制的模型，四进制的编码信道模型如图 3-4 所示。

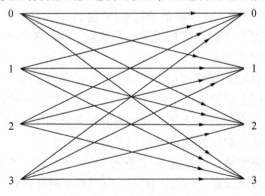

图 3-4　四进制编码信道模型

编码信道可细分为无记忆编码信道和有记忆编码信道，上面分析的是无记忆编码信道。有记忆编码信道是指信道中码元发生差错的事件不是独立的，即当前码元的差错与其前后码元的差错是有联系的。在此情况下，编码信道的模型要比图 3-3 或图 3-4 的模型复杂得多，在此不予讨论。

编码信道包含调制信道，且其特性也紧密地依赖于调制信道。

3.4　信道噪声

无论是有线信道还是无线信道，都会面临一个无法回避的问题，那就是噪声。噪声在通信中也是一种电信号，只不过这种信号对于通信来说是无用的，甚至是有害的，它能造成模拟信号失真、系统性能下降等问题。

信道中加性噪声的来源有很多，它们的表现形式也多种多样。根据噪声的来源不同，一般可以粗略地分为四类。

（1）无线电噪声。它来源于各种用途的外台无线电发射机。这类噪声的频率范围很宽广，从特低频到特高频都可能有无线电干扰存在，并且干扰的强度有时很大。不过，这类干扰有个特点，就是干扰频率是固定的，因此可以预先设法防止或避开。特别是在加强了无线电频率的管理工作后，无论在频率的稳定性、准确性以及谐波辐射等方面都有严格的规定，使得信道内信号受它的影响可减到最低程度。

（2）工业噪声。它来源于各种电气设备，如电力线、点火系统、电车、电源开关、电力铁道、高频电炉等。这类干扰来源分布很广泛，无论是城市还是农村，内地还是边疆，各地都有工业干扰存在。尤其是在现代化社会里，各种电气设备越来越多，因此这类干扰的强度也就越来越大。工业噪声也有个特点，就是干扰频谱集中于较低的频率范围，例如几十兆赫兹以内。因此，选择高于这个频段工作的信道就可防止受到它的干扰。另外，也可以在干扰源方面设法消除或减小干扰的产生，例如，加强屏蔽和滤波措施，防止接触不良和消除波形失真。

（3）天电噪声。它来源于闪电、大气中的磁暴、太阳黑子以及宇宙射线（天体辐射波）等。可以说整个宇宙空间都是产生这类噪声的根源，因此它的存在是客观的。由于这类自然现象和发生的时间、季节、地区等都有关系，因此受天电干扰的影响也是大小不同的，例如，夏季比冬季严重，赤道比两极严重，在太阳黑子发生变动的年份天电干扰更为加剧。这类干扰所占的频谱范围很宽，并且不像无线电干扰那样频率是固定的，因此对它所产生的干扰影响很难防止。

（4）内部噪声。它来源于信道本身所包含的各种电子器件、转换器以及天线或传输线等。例如，电阻及各种导体都会在分子热运动的影响下产生热噪声，电子管或晶体管等电子器件会由于电子发射不均匀等产生散弹噪声。这类干扰的特点是由无数个自由电子做不规则运动所形成的，因此它的波形也是不规则变化的，在示波器上观察就像一堆杂乱无章的茅草一样，通常称之为起伏噪声。由于在数学上可以用随机过程来描述这类干扰，因此又可称为随机噪声，或者简称为噪声。

以上是从噪声的来源来分类的，优点比较直观。但是，从防止或减小噪声对信号传输影响的角度考虑，按噪声的性质来分类会更为有利。从噪声性质来区分，一般可以分为三种。

（1）单频噪声。它主要是指无线电干扰。因为电台发射的频谱集中在比较窄的频率范围内，因此可以近似地看做是单频性质的。另外，像电源交流电，反馈系统自激振荡等也都属于单频干扰。单频噪声的特点是一种连续波干扰，并且其频率是可以通过实测来确定的，因此在采取适当的措施后就有可能防止。

（2）脉冲干扰。它包括工业干扰中的电火花，断续电流以及天电干扰中的闪电等。脉冲干扰的特点是波形不连续，呈脉冲性质；并且发生这类干扰的时间很短，强度很大，而周期是随机的，因此它可以用随机的窄脉冲序列来表示。由于脉冲很窄，所以占用的频谱必然很宽。但是，随着频率的提高，频谱幅度逐渐减小，干扰影响也就减弱。因此，在适当选择工作频段的情况下，这类干扰的影响也是可以防止的。

（3）起伏噪声。它主要是指信道内部的热噪声和散弹噪声以及来自空间的宇宙噪声。它们都是不规则的随机过程，只能采用大量统计的方法来寻求其统计特性。由于起伏噪声来自信道本身，因此它对信号传输的影响是不可避免的。

根据以上分析可以看出，尽管对信号传输有影响的加性干扰种类很多，但是影响最大的是起伏噪声，它是通信系统最基本的噪声源。通信系统模型中的"噪声源"就是分散在通信系统各处的加性噪声（简称噪声）——主要是起伏噪声的集中表示，它概括了信道内所有的热噪声、散弹噪声和宇宙噪声等。

需要说明的是，由于脉冲干扰在调制信道内的影响不如起伏噪声那样大，因此在一般的模拟通信系统内可以不必专门采取什么措施来对付它。但是在编码信道内这类突发性的脉冲干扰往往给数字信号的传输带来严重的后果，甚至发生一连串的误码。因此为了保证数字通信的质量，在数字通信系统内经常采用差错控制技术，它能有效地对抗突发性脉冲干扰。

高斯白噪声

功率谱密度在整个频率范围内都是均匀分布的噪声，被称为白噪声。如果概率密度服从高斯分布，就称为高斯白噪声。

（1）白噪声的双边功率谱为

$$P_\xi(\omega) = n_0 \quad (-\infty < \omega < \infty) \tag{3-6}$$

（2）白噪声的单边功率谱为

$$P_\xi(\omega) = n_0 \quad (0 \leqslant \omega < \infty) \tag{3-7}$$

白噪声的自相关函数与功率谱密度是一对傅里叶变换关系。即

$$R(\tau) = \frac{1}{2\pi} \int_{-\infty}^{\infty} \frac{n_0}{2} e^{j\omega\tau} d\omega = \frac{n_0}{2}\delta(\tau) \tag{3-8}$$

如果白噪声被限制在 $(-f_H, +f_H)$ 内，则这样的白噪声被称为带限白噪声。

通过白噪声的功率谱密度和自相关函数可知，它具有非常理想的自相关特性，这对于CDMA系统的设计人员有着很重要的应用。CDMA的关键技术就是扩频，扩频通信最早是被应用在解决战场上的保密通信而发展起来的。为了实现保密通信，需要将有用的信号伪装在噪声中，使有用的信号"淹没"在噪声中，以达到保密的目的。噪声要伪装的像，扩

频后的信号要具有接近白噪声的特点，这就要求功率谱密度和自相关函数要相像。

3.5　信道容量

当一个信道受到加性高斯噪声的干扰时，如果信道传输信号的功率和信道的带宽受限，则这种信道传输数据的能力将会如何？这是每个通信系统设计者一直以来都渴望知道却不容易解答的课题。在 20 世纪 40 年代末，香农在他的《信息论》一书中给出了理想的答案，这就是关于信道容量的香农（Shannon）公式。

1. 信道容量的定义

在信息论中，称信道无差错传输信息的最大信息速率为信道容量，记为 C。

从信息论的观点来看，各种信道可概括为两大类：离散信道和连续信道。所谓离散信道，就是输入与输出信号都是取值离散的时间函数；而连续信道是指输入和输出信号都是取值连续的。可以看出，前者就是广义信道中的编码信道，后者则是调制信道。仅从说明概念的角度考虑，我们只讨论连续信道的信道容量。

2. 香农公式

假设连续信道的加性高斯白噪声功率为 N（W），信道的带宽为 B（Hz），信号功率为 S（W），信噪比为 $\dfrac{S}{N}$，则该信道的信道容量 C 为：

$$C = B\log_2\left(1 + \frac{S}{N}\right) \text{（bit/s）} \tag{3-9}$$

这就是信息论中具有重要意义的香农公式，它表明了当信号与作用在信道上的起伏噪声的平均功率给定时，在具有一定频带宽度 B 的信道上，理论上单位时间内可能传输的信息量的极限数值。

由于噪声功率 N 与信道带宽 B 有关，故若噪声单边功率谱密度为 n_0（W/Hz），则噪声功率 $N = n_0 B$。因此，香农公式的另一种形式为：

$$C = B\log_2\left(1 + \frac{S}{n_0 B}\right) \text{（bit/s）} \tag{3-10}$$

由式（3-10）可见，一个连续信道的信道容量受 B、n_0、S 三个要素限制，只要这三个要素确定，则信道容量也就随之确定。

3. 关于香农公式的几点讨论

香农公式告诉我们如下重要结论。

（1）在给定 B、S/N 的情况下，信道的极限传输能力为 C，而且此时能够做到无差错传输（即差错率为零）。这就是说，如果信道的实际传输速率大于 C 值，则无差错传输在理论上就已不可能。因此，实际传输速率 R_b 一般不能大于信道容量 C，除非允许存在一定的差错率。

（2）提高信噪比 S/N（通过减小 n_0 或增大 S），可提高信道容量 C。特别是若 $n_0 \rightarrow 0$，

则 $C \to \infty$ 这意味着无干扰信道容量为无穷大。

（3）增加信道带宽 B，也可增加信道容量 C，但做不到无限制地增加。这是因为，如果 S、n_0 一定，则

$$\lim_{B \to \omega} C = \frac{S}{n_0} \log_2 e \approx 1.44 \frac{S}{n_0}$$

（4）维持同样大小的信道容量，可以通过调整信道的 B 及 S/N 来达到，即信道容量可以通过系统带宽与信噪比的互换而保持不变。例如，如果 $S/N = 7$，$B = 4\,000\,\text{Hz}$，则可得 $C = 12\,\text{bit/s}$；但是，如果 $S/N = l5$，$B = 3\,000\,\text{Hz}$，则可得同样数值的 C 值。这就是说，为达到某个实际传输速率，在系统设计时可以利用香农公式中的互换原理，确定合适的系统带宽和信噪比。

4. MIMO 技术

香农公式给出，增加信道带宽和提高信噪比可以大幅提高信道容量。但是由于频带资源有限，增加 50 倍的带宽不太现实，加大信号的发射功率对人体健康又有很大的影响，这两种方法在实际应用上都不太容易实现，因此把落脚点放在提高频谱利用率上。MIMO 技术对于传统的单天线系统来说，能够大大提高频谱利用率，使得系统能在有限的无线频带下传输更高速率的数据业务。多输入多输出（MIMO）技术是指在发射端和接收端分别使用多个发射天线和接收天线，信号通过发射端和接收端的多个天线传送和接收，从而改善每个用户的服务质量（误比特率或数据速率）。

通常，多径要引起衰落，因而被视为有害因素。然而研究结果表明，对于 MIMO 系统来说，多径可以作为一个有利因素加以利用。MIMO 将多径无线信道与发射、接收视为一个整体进行优化，从而实现高的通信容量和频谱利用率。这是一种近于最优的空域时域联合的分集和干扰对消处理。通过理论推算，得到一个近似容量公式：

$$C = MB\log_2\left(1 + \frac{S}{N}\right) \tag{3-11}$$

M 代表发送端或接收端的天线数，哪一端的天线数少，这个 M 就代表哪一端的天线数。故信道容量除了通过增加带宽来提高信噪比外，还可以通过增加天线数来获得。

3.6　扩频通信

扩频通信，是扩展频谱通信（Spread Spectrum Communication）的简称，它与光纤通信、卫星通信，一同被誉为进入信息时代的三大高技术通信传输方式。这种通信方式与常规的窄道通信方式是有区别的：一是信息的频谱扩展后形成宽带传输；二是相关处理后恢复成窄带信息数据。正是由于这两大特点，使扩频通信具有抗干扰能力强，保密性好，抗衰落、抗多径干扰能力，多址能力、易于实现码多分址等优点。也正是由于扩频通信技术具有上述优点，自 20 世纪 50 年代中期美国军方便开始研究此类技术，并一直为军事通信所独占，广泛应用于军事通信、电子对抗以及导航、测量等各个领域。直到 20 世纪 80 年代初，扩频通信才被应用于民用通信领域。为了满足日益增长的民用通信容量的需求和有效地利用频谱资源，各国都纷纷提出在数字蜂窝移动通信、卫星移动通信和未来的个人通

信中采用扩频技术,扩频技术已广泛应用于蜂窝电话、无绳电话、微波通信、无线数据通信、遥测、监控、报警等系统中。现在的 CDMA 技术的关键就是扩频技术,而整个 3G 用的都是 CDMA 技术。

3.6.1 扩频通信的定义

所谓扩频通信,可简单表述如下:"扩频通信技术是一种信息传输方式,其信号所占有的频带宽度远大于所传信息必需的最小带宽;频带的扩展是通过一个独立的码序列来完成,用编码及调制的方法来实现的,与所传信息数据无关;在接收端则用同样的码进行相关同步接收、解扩及恢复所传信息数据。"这一定义包含了以下三方面的意思。

1. 信号的频谱被展宽了

传输任何信息都需要一定的带宽,称为信息带宽。例如人类的语音的信息带宽为 300~3 400 Hz,电视图像信息带宽为数兆赫兹。为了充分利用频率资源,通常都是尽量采用大体相当的带宽信号来传输信息。在无线电通信中,射频信号的带宽与所传信息的带宽是相比拟的。如果用调幅信号来传送语音信息,则其带宽为语音信息带宽的两倍;电视广播射频信号带宽也只是其视频信号带宽的一倍多。这些都属于窄带通信。一般的调频信号,或脉冲编码调制信号,它们的带宽与信息带宽之比也只有几到十几。扩展频谱通信信号带宽与信息带宽之比则高达 100~1 000,属于宽带通信。

2. 采用扩频码序列调制的方式来展宽信号频谱

在时间上有限的信号,其频谱是无限的。例如,很窄的脉冲信号,其频谱却很宽。信号的频带宽度与其持续时间近似成反比。1 μs 的脉冲的带宽约为 1 MHz。因此,如果无限窄的脉冲序列被所传信息调制,则可产生很宽频带的信号。

如下面介绍的直接序列扩频系统就是采用这种方法获得扩频信号。这种很窄的脉冲码序列,其码速率是很高的,称为扩频码序列。这里需要说明的一点是所采用的扩频码序列与所传信息数据是无关的,也就是说它与一般的正弦载波信号一样,丝毫不影响信息传输的透明性。扩频码序列仅仅起到扩展信号频谱的作用。

3. 在接收端用相关的解调来解扩

正如在一般的窄带通信中,已调信号在接收端都要进行解调来恢复所传的信息,在扩频通信中接收端则用与发送端相同的扩频码序列与收到的扩频信号进行相关解调,恢复所传的信息。换句话说,这种相关解调起到解扩的作用,即把扩展以后的信号又恢复成原来所传的信息。这种在发送端把窄带信息扩展成宽带信号,而在接收端又将其解扩成窄带信息的处理过程,会带来一系列好处。弄清楚扩频和解扩处理过程的机制,是理解扩频通信本质的关键所在。

3.6.2 扩频通信的理论基础

长期以来,人们总是想使信号占用尽量窄的带宽,以充分利用十分宝贵的频谱资源。为什么要用这样宽频带的信号来传送信息呢?简单的回答就是主要为了通信的安全可靠。

扩频通信的基本特点，是传输信号所占用的频带宽度（W）远大于原始信息本身实际所需的最小（有效）带宽（DF），其比值称为处理增益 G_p。G_p 值一般都在十多倍范围内，统称为"窄带通信"。而扩频通信的 G_p 值高达数百、上千，称为"宽带通信"。扩频通信的关键就是上节所学的香农公式。

香农公式说明了增加信道带宽，或者提高信噪比都可以提高信道容量；但是如果不想增加信道容量，而是保持信道容量恒定的话，那么带宽和信噪比之间是可以互换的，比如增加带宽可以换来信噪比下降。扩频通信的灵感就是这么来的。总之，用信息带宽的 100 倍，甚至 1 000 倍以上的宽带信号来传输信息，就是为了提高通信的抗干扰能力，即在强干扰条件下保证可靠安全地通信。这就是扩展频谱通信的基本思想和理论依据。

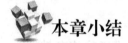

本章小结

信道时信号传输的通道，包括狭义信道和广义信道。根据传输媒介的不同，还可以分为有线信道和无线信道。无论哪种信道，信道的传输特性都会影响通信的质量。本章介绍了信道的模型，在信道模型公式中体现了加性噪声，并对噪声进行了简单的分类和介绍。在香农公式中给出了理想通信系统的信息传输速率的理论极限，并对扩频技术给出了简单的介绍。

课后习题

一、选择题

1. 以下属于恒参信道的是（　　　）。
   A. 微波对流层散射信道　　　　　　　　B. 超短波电离层散射信道
   C. 短波电离层反射信道　　　　　　　　D. 微波中继信道

2. 改善恒参信道对信号传输影响的措施是（　　　）。
   A. 采用分集技术　　　　　　　　　　　B. 提高信噪比
   C. 采用均衡技术　　　　　　　　　　　D. 降低信息速率

3. 随参信道所具有的特点是（　　　）。
   A. 多经传播、传输延时随时间变化、衰落
   B. 传输损耗随时间变化、多经传播、衰落
   C. 传输损耗随时间变化、传输延时随时间变化、衰落
   D. 传输损耗随时间变化、传输延时不随时间变化、多经传播

4. 根据信道的传输参数的特性可分为恒参信道和随参信道，恒参信道的正确定义是（　　　）。
   A. 信道的参数不随时间变化
   B. 信道的参数不随时间变化或随时间缓慢变化
   C. 信道的参数随时间变化
   D. 信道的参数随时间快速变化

5. 属于随参信道的是（　　　）。
   A. 电缆信道　　　　B. 短波信道　　　　C. 光纤信道　　　　D. 微波中继信道

6. 调制信道的传输特性不好将对编码信道产生影响，其结果是给数字信号带来（　　　）。
    A. 噪声干扰
    B. 码间干扰
    C. 突发干扰
    D. 噪声干扰和突发干扰

7. 改善随参信道对信号传输影响的措施是（　　　）。
    A. 提高信噪比
    B. 采用分集技术
    C. 采用均衡技术
    D. 降低信息速率

8. 连续信道的信道容量将受到"三要素"的限制，其"三要素"是（　　　）。
    A. 带宽、信号功率、信息量
    B. 带宽、信号功率、噪声功率谱密度
    C. 带宽、信号功率、噪声功率
    D. 信息量、带宽、噪声功率谱密度

9. 以下不能无限制地增大信道容量的方法是（　　　）。
    A. 无限制提高信噪比
    B. 无限制减小噪声
    C. 无限制提高信号功
    D. 无限制增加带宽

10. 根据香农公式以下关系正确的是（　　　）。
    A. 信道容量一定，信道的带宽越宽信噪比的要求越小
    B. 信道的容量与信道的带宽成正比
    C. 信道容量一定，信道的带宽越宽信噪比的要求越高
    D. 信道的容量与信噪比成正比

二、填空题

1. 通常广义信道可以分为调制信道和编码信道，调制信道一般可以看成是一种信道，而编码信道则可以看成是一种_____信道。

2. 起伏噪声是加性噪声的典型代表，起伏噪声包括：_____和_____。

3. 当无信号时，则传输信道中将_____加性干扰，_____乘性干扰。

4. 信道对信号的影响可分为两类，一类是_____干扰，另一类为_____干扰。

5. 将乘性干扰 $k(t)$ 不随或基本不随时间变化的信道称为_____信道。

6. 根据香农公式，当信道容量一定时，信道的带宽越宽，则对_____要求就越小。

通信故事

高通 CEO 谈 25 年历程：CDMA 技术的发展

2010 年 9 月 28 日，美国高通公司 CEO 保罗·雅各布在华出席高通公司成立 25 周年庆祝仪式上回顾了高通历史，他感叹说，高通创业初期曾经一度发不出工资，而现在高通芯片一个季度出货 1 亿片，已成为移动通信领域的全球旗手级企业之一。

保罗·雅各布实际上是高通第二代掌门人，1985 年，他的父亲艾文·雅各布创立了高通公司，并将 CDMA 技术成功推广到全球，诸多电信运营商采用了 CDMA 技术，艾文·雅各布也因此被称为"CDMA 之父"。2005 年，艾文·雅各布宣布从 7 月 1 日起隐退，把高通公司 CEO 的职位让给自己的长子保罗，而他本人只保留董事长。

当着数位前来祝贺的 CDMA 手机企业大佬的面，保罗·雅各布谈及了高通几个当年鲜为人知的经历。他说，"高通公司初期曾经发不出工资，从自己的信用卡里拿钱出来发，现在听起来很有风险，但企业创业初期就是这样的。"创立于 1985 年的美国高通公司的英文名字 Qualcomm 来源于 Quality Communication 的缩写，意思是高质量的通信。成立初期，高通公司曾经为美国国防部提供顾问服务，那时他们所潜心研究的 CDMA 技术具备保密性好、抗干扰、语音清晰等优异性能，这也是军方对于通信传播的要求。后来，高通公司想将原本仅供军方使用的 CDMA 技术民用化。一个偶然的机会，艾文·雅各布博士及其他几位高通公司创始人探讨 CDMA 技术用于卫星通信系统的可能性，他们忽然获得灵感：只要经过调整，CDMA 将可能在民用地面移动通信上大有作为。"在技术创新发展初期，我的父亲和另一位同事与一家卫星通信公司谈判，可是，这家公司不想用。这时候，我们想建基站，相当于在卫星上使用，回来后就把这样的想法就写了一篇论文，用了很多的计算和推理，论文最后写道：这可能是很有意义的商业模式"，保罗·雅各布如此回忆说。

但是，这些想法的实现远非想象那么顺利。当艾文·雅各布博士向业界指出 CDMA 技术的理论性能优势可相当于当时移动技术的 40 倍时，一些业界领袖并不认可，他们认为，这项技术过于复杂，商用成本昂贵。

保罗·雅各布还讲述了另一个故事，一个斯坦福大学著名教授本来要成为高通公司顾问，后来合作没有成功，所以尖刻地批评说 CDMA 是违反物理定律的。华尔街日报还据此写了篇文章，笑称这样的技术争论应该通过掰手腕的方式来解决。最后事实证明这种技术争论没有意义。因为很多的运营商采用了 CDMA 技术建网服务。

1993 年，CDMA 终于被美国电信行业协会接受为移动通信的行业标准，高通公司取得了第一次规模性的胜利。1995 年，在高通公司成立 10 年后，CDMA 在全球获得了首次商用。后来居上的高通公司也成为移动通信技术的全球领袖——在高通公司及其合作伙伴的努力下，CDMA 作为当今主流 3G 技术的基础。保罗·雅各布说，"现在高通芯片一个季度出货 1 亿片，这意味着有那么多人的 CDMA 手机用户要用高通的产品。"

对于高通公司的下一步计划，据悉，高通将继续商用 Mirasol 技术，这种模拟蝴蝶翅膀闪闪发亮生成色彩的技术，利用环境光在终端显示屏上产生彩色图像，大大减少耗电量，并延长电池使用寿命。此外，高通还计划推出一项智能无线充电解决方案 eZone，可使用户在家里、办公室甚至是车上同时为多台终端供电。此外，高通还将推出一种称之为"万物互联"的产品。高通公司在圣迭戈和印度的研发机构正在开发能促进机器对机器（M2M）通信的技术，这些技术能够提升终端的运行速度，提高所有设备的运行效率。

第 4 章　信源编码

本章简介

　　信源编码的目的是提高编码的有效性，使信源减少冗余，更加有效、经济地传输。本章主要介绍信源编码的意义、作用以及语音编码的种类，并简介 PCM 编码过程、抽样定理、时分复用和数字复接等相关知识。

4.1　信源编码的意义

　　信源编码的作用之一是设法减少码元数目和降低码元速率，即通常所说的数据压缩。码元速率将直接影响传输所占的带宽，而传输带宽又直接反映了通信的有效性。信源编码的作用之二是，当信息源给出的是模拟语音信号时，信源编码器将其转换成数字信号，以实现模拟信号的数字化传输。模拟信号数字化传输有两种方式：脉冲编码调制（PCM）和增量调制（DM 或 ΔM）。

　　信源编码的主要任务就是把信源的离散符号变成数字代码，并尽量减少信源的冗余度以提高通信的有效性。信道的带宽是有限的，人们当然希望在有限的带宽内传输更多有效的信息。如果信源编码没有做好，就会导致通信系统的有效性不高。但是关于信源冗余度的去除，也是有度的，要根据需要的质量要求来去除信源中的冗余或次要的消息。比如说 CD 的音质虽好，但文件太大，不便于存储和下载；把它压缩为 mp3 格式后，文件虽变小了很多，但音质也会有所损失，所以要看实际的情况取其平衡。如果能达到规定的质量标准，那么当然是去除的冗余越多越好。

　　一个完整的数字电视系统包括数字电视信号的产生、处理、传输、接收和重现等诸多环节。电视信号在获取后经过的第一个处理环节就是信源编码。信源编码是通过压缩编码来去掉信号源中的冗余成分，以达到压缩码率和带宽，实现信号有效传输的目的。比如，我国的有线电视系统每帧图像有 625 行，采用 4：3 的宽高比，每个像素均有不同成分的红、绿、蓝三基色合成。若以数字化真彩色表示，每个基色编为 8 bit。因此每帧图像包括的像素数为 $N = 625 \times (625 \times 4/3) = 520\,833$ 像素/帧。每帧比特数 $M = 8 \times 3 \times N = 12.5$ Mbit。那么若每秒发出 25 帧，所需信息的传输速率为 $R = 25$ 帧/s $\times 12.5$ Mbit/帧 $= 312.5$ Mbit/s。若信道利用率为 2 bit/(s·Hz)，则需信道带宽为 $B = R/2 = 156.25$ MHz。而实际上有线电视信道带宽仅为 6 MHz，这就需要对信源进行压缩，压缩的倍数为：$n = B/(6 \times 10^6) = 156.25/6 = 26$ 倍。虽然电视信号压缩了这么多倍，但对观众来说收视质量还是可以接受的。所以说，好的信源编码是既能满足通信的质量要求，又能提高通信效率的。

4.2　语音编码

在通信系统中，语音编码是相当重要的。因为在很大程度上，语音编码决定了接收到的语音质量和系统容量。在移动通信系统中，宽带是十分宝贵的。低比特率语音编码提供了解决该问题的一种方法。在编码器能够传送高质量语音的前提下，如果比特率越低，则在一定的宽带内能传送更多的高质量语音。

语音编码为信源编码，是将模拟语音信号转变为数字信号以便在信道中传输。语音编码的目的是在保持一定的算法复杂程度和通信时延的前提下，占用尽可能少的通信容量，传送尽可能高质量的语音。语音编码技术又可分为波形编码、参量编码和混合编码三大类。

（1）波形编码是对模拟语音波形信号经过取样、量化、编码而形成的数字语音技术。为了保证数字语音技术解码后的高保真度，波形编码需要较高的编码速率，一般在 16～64 kbit/s对各种各样的模拟语音波形信号进行编码均可达到很好的效果。波形编码的优点是适用于很宽范围的语音特性，以及在噪声环境下都能保持稳定。波形编码实现所需的技术复杂度很低，而费用中等程度，但其所占用的频带较宽，多用于有线通信中。波形编码包括脉冲编码调制（PCM）、差分脉冲编码调制（DPCM）、自适应差分脉冲编码调制（ADPCM）、增量调制（DM）、连续可变斜率增量调制（CVSDM）、自适应变换编码（ATC）、子带编码（SBC）和自适应预测编码（APC）等。

（2）参量编码是基于人类语言的发声机理，以发音模型做基础，从模拟语音信号中提取各个特征，对特征参量进行编码的一种方法。在接收端，根据所收的语音特征参量信息，恢复出原来的语音。由于参量编码只需传送语音特征参数，可实现低速率的语音编码，一般为 1.2～4.8 kbit/s。线性预测编码（LPC）及其变形均属于参量编码。参量编码的缺点在于语音质量只能达到中等水平，不能满足商用语音通信的要求。对此，综合参量编码和波形编码各自的特点，既保持参量编码的低速率和波形编码的高质量的优点，又提出了混合编码方法。

（3）混合编码是基于参量编码和波形编码发展的一类新的编码技术。在混合编码的信号中，既含有若干语音特征参量又含有部分波形编码信息。其编码速率一般为 4～16 kbit/s。当编码速率在 8～16 kbit/s 范围时，其语音质量可达商用语音通信标准的要求。因此混合编码技术在数字移动通信中得到了广泛应用。混合编码包括规则脉冲激励长期预测编码器（RPE-LTP）、矢量和激励线性预测编码（VSELP）和码激励线性预测编码（CELP）等。

4.3　PCM 编码

PCM 编码是（Pulse Code Modulation）的缩写，又叫脉冲编码调制，它是数字通信的编码方式之一。在数字通信系统中，信源和信宿都是模拟信号，而信道中传输的却是数字信号。可见在数字通信系统中的发信端必须要有一个将模拟信号变成数字信号的过程，同时在接收端也要有一个把数字信号还原成模拟信号的过程。通常把这两个过程描述为 A/D 转换和 D/A 转换，其编码的主要过程为抽样、量化和编码。首先将语音、图像等模拟信号每隔一定时间进行取样，使其离散化，然后将抽样值按分层单位四舍五入取整量化，最后将抽样脉冲的幅值用一组二进制码来进行表示。PCM 编码的最大优点就是音质好，最大的缺点就是体积大。常见的 Audio CD 就采用了 PCM 编码，一张光盘的容量只能容纳 72 分钟的音乐信息。

　　PCM 的概念最早是由法国工程师 Alce Reeres 于 1937 年提出来的。1946 年第一台 PCM 数字电话终端机在美国贝尔实验室问世。1962 年后，采用晶体管的 PCM 终端机大量应用于市话网中，使市话电缆传输的路数扩大了二三十倍。20 世纪 70 年代后期，随着超大规模集成电路 PCM 芯片的出现，PCM 在光纤通信、数字微波通信和卫星通信中得到了更为广泛的应用。

4.3.1　抽样

　　PCM 过程可分为抽样、量化和编码等三步。第一步是对模拟信号进行信号抽样。所谓抽样就是不断地以固定的时间间隔采集模拟信号当时的瞬时值。图 4-1 是一个抽样概念示意图，假设一个模拟信号 $f(t)$ 通过一个开关，则开关的输出与开关的状态有关；当开关处于闭合状态，开关的输出就是输入，即 $y(t) = f(t)$；若开关处在断开位置，则输出 $y(t)$ 为零。

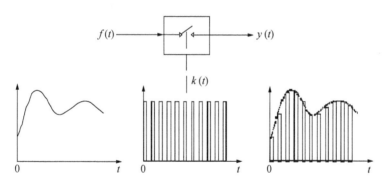

图 4-1　开关受脉冲序列控制的抽样过程

　　可见，如果让开关受一个窄脉冲串（序列）的控制，则脉冲出现时开关闭合，脉冲消失时开关断开，此输出 $y(t)$ 就是一个幅值变化的脉冲串（序列），每个脉冲的幅值就是该脉冲出现时刻输入信号 $f(t)$ 的瞬时值，因此，$y(t)$ 就是对 $f(t)$ 抽样后的信号或抽样值信号。

4.3.2　量化

　　图 4-2 是脉冲编码调制的过程示意图。图 4-2（a）是一个以 T_s 为时间间隔的窄脉冲序列 $p(t)$，因为要用它进行抽样，所以称为抽样脉冲。在图 4-2（b）中，$v(t)$ 是待抽样的模拟电压信号，抽样后的离散信号 $k(t)$ 的取值分别为 $k(0) = 0.2$，$k(T_s) = 0.4$，

$k(2T_s)=1.8$，$k(3T_s)=2.8$，$k(4T_s)=3.6$，$k(5T_s)=5.1$，$k(6T_s)=6.0$，$k(7T_s)=5.7$，$k(8T_s)=3.9$，$k(9T_s)=2.0$，$k(10T_s)=1.2$。可见取值在 0～6 之间是随机的，也就是说可以有无穷个可能的取值。在图 4-2（c）中，为了把无穷个可能取值变成有限个，我们必须对 $k(t)$ 的取值进行量化（即四舍五入），得到 $m(t)$。则 $m(t)$ 的取值变为 $m(0)=0.0$，$m(T_s)=0.0$，$m(2T_s)=2.0$，$m(3T_s)=3.0$，$m(4T_s)=4.0$，$m(5T_s)=5.0$，$m(6T_s)=6.0$，$m(7T_s)=6.0$，$m(8T_s)=4.0$，$m(9T_s)=2.0$，$m(10T_s)=1.0$，总共只有 0、1、2、3、4、5、6 这 7 个可能的取值。这个过程就是量化。

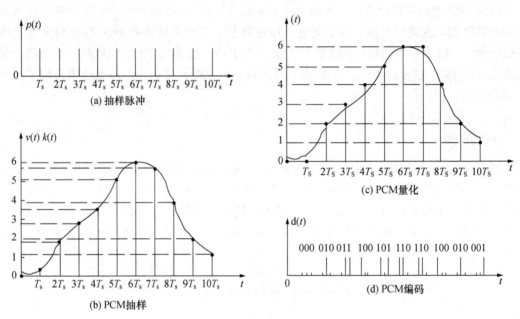

图 4-2　脉冲编码调制过程示意图

上面已经从 PCM 过程中了解了量化的概念，现在用数学语言对量化做一个比较精确的描述以加深对量化的理解。量化就是把一个连续函数的无限个数值的集合映射为一个离散函数的有限个数值的集合，通常采用"四舍五入"的原则进行数值量化。

首先介绍三个概念。第一个是量化值，确定的量化后的取值叫量化值（也称为量化电平），例如上例中的量化值就是 0、1、2、3、4、5、6 七个。第二个是量化值的个数，称为量化级。第三个是量化间隔，即相邻两个量化值之差（也称量化台阶）。在图 4-2（b）和（c）中，$v(t)$ 的样值信号 $k(t)$ 和量化后的量化信号 $m(t)$ 是不一样的，具体来说就是量化前后的样值有可能不同，例如，$k(0)=0.2$ 而 $m(0)=0.0$。而收信端恢复的只能是量化后的信号 $m(t)$，不能恢复出 $k(t)$，这样就使得接收、发送的信号之间有误差。显然，这种存在于接收、发送信号之间的误差是由量化造成的，称为量化误差或量化噪声。比如在上例中，量化间隔为 1，由于采用"四舍五入"进行量化，因此量化噪声的最大值是 0.5。一般来说，量化噪声的最大绝对误差是 0.5 个量化间隔。这种量化间隔都一样的量化叫做均匀量化。

如果在一定的取值范围内把量化值多取几个（量化级增多），也就是把量化间隔变小，则量化噪声就会减小。例如，把量化间隔取成 0.5，则上例的量化值就变成 14 个，量化噪声变为 0.25。显然量化噪声与量化间隔成反比。但在实际中，不可能对量化分级过细，因为过多的量化值将直接导致系统的复杂性、经济性、可靠性、方便性、维护使用性等指标的恶化。例如，7 级量化用 3 位二进制码编码即可；若量化级变成 128，就需要 7 位二进制码编码，系统的复杂性将大大增加。另外，尽管信号幅值大（大信号）和信号幅值小（小信号）时的绝对量化噪声是一样的，都是 0.5 个量化间隔，但相对误差却很悬殊。也可以说，对信号的影响大小不一样。上例中，信号最大值为 6，绝对量化噪声为 0.5，而相对误差为 $0.5/6 = 1/12$，即量化误差是量化值的 1/12；而当信号为 1 时，绝对量化噪声仍为 0.5，但相对误差却为 $0.5/1 = 1/2$，量化误差达到量化值的一半。可见大信号与小信号的相对误差相差 6 倍。相对误差大意味着小信号的信噪比小。显然，提高小信号的信噪比（降低小信号的相对误差）与提高系统的简单性、可靠性、经济性等指标是相互矛盾的。那么，能否找到一种方法解决这一对矛盾，既提高了小信号的信噪比，又不过多地增加量化级呢（细化量化间隔）？回答是肯定的，这就是非均匀量化法。

所谓非均匀量化就是对信号的不同部分用不同的量化间隔，具体来说，就是对小信号部分采用较小的量化间隔，而对大信号部分就用较大的量化间隔。实现这种思路的一种方法就是压缩与扩张法。

压缩运算的思想：输入信号的取值小，则对应的量化区间（量化台阶）Δv 也小；反之，则对应的量化区间就大。其方法是先对输入信号 x 进行一种非线性的压缩变换 $y = f(x)$，然后再对压缩后的 y 进行均匀量化。根据上述思想也可以这样考虑问题：在均匀量化过程中，由于量化台阶 Δv 不变，这样对于抽样值较小的信号其量化信噪比就比较小。因此，如果在均匀量化前，对抽样值进行一定的处理使得较小的信号得到较大的放大，而较大的信号得到较小的放大或者不放大，以便提高小信号的量化信噪比，以扩大输入信号的动态范围。一般采用对数压缩，即 $y = \ln x$，常用的有 μ 压缩律和 A 压缩律两种方法。μ 压缩律最早由美国提出，A 压缩律则是欧洲的发明，它们都是 CCITT（国际电报电话咨询委员会）允许的标准。目前，欧洲主要采用 A 压缩律，北美及日本采用 μ 压缩律，我国采用 A 压缩律。

所谓压缩，是指在抽样电路后面加上一个叫做压缩器的信号处理电路，该电路的特点是对弱小信号有比较大的放大倍数（增益），而对大信号的增益却比较小。抽样后的信号经过压缩器后就发生了"畸变"，大信号部分没有得到多少增益，而弱小信号部分却得到了"不正常"的放大（提升），相比之下，大信号好像被压缩了，压缩器由此得名。对压缩后的信号再进行均匀量化，就相当于对抽样信号进行了非均匀量化。在收信端为了恢复原始抽样信号，就必须把接收到的经过压缩后的信号还原成压缩前的信号，完成这个还原工作的电路就是扩张器，它的特性正好与压缩器相反，对小信号压缩，对大信号提升。为了保证信号的不失真，要求压缩特性与扩张特性合成后是一条直线，也就是说，信号通过压缩再通过扩张实际上好像通过了一个线性电路。显然，单独的压缩或扩张对信号进行的是非线性变换。压缩特性与扩张特性如图 4-3 所示。图中，脉冲 A 和脉冲 B 是两个样值，作为压缩器的输入信号经过压缩后变成 A' 与 B'，可见 A' 与 A 基本上没有变化，而 B' 却比 B 大了许多，这正是我们需要的压缩特性；在收信端 A' 与 B' 作为扩张器的输入信号，经扩张后还原成样值 A 和样值 B。

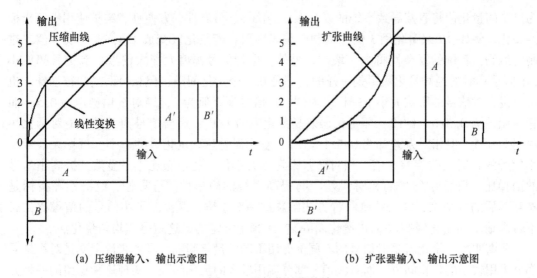

(a) 压缩器输入、输出示意图　　　　　　　　　　(b) 扩张器输入、输出示意图

图 4-3　压缩与扩张特性

4.3.3　编码

　　从概念上讲，$m(t)$ 已经变成数字信号，但还不是实际应用中的二进制数字信号。因此，对 $m(t)$ 用 3 位二进制码元进行自然编码就得到数字信号 $d(t)$，从而完成了 A/D 转换，实现了脉冲编码调制。所谓编码就是用一些符号取代另一些符号的过程，那么现在的任务是用二进制码组去表示量化后的十进制量化值。所涉及的问题主要有两个：一是如何确定二进制码组的位数；二是应该采用怎样的码型。所谓码型就是电脉冲的存在形式（详见第 5 章）。

　　用的码组长度越长，码组个数就越多，可表示的状态就越多，则量化级数就可以增加，量化间隔随之减小，量化噪声也随之减小。但码组长度越长，对电路的精度要求也越高，同时，要求码元速率（波特率）越高，从而要求信道带宽越宽。对于 A 律量化来说，量化级数为 256，则一个码组的长度就是 8 位。目前，常用的编码码型有自然二进制码（Natural Binary Code，NBC）、折叠二进制码（Folded Binary Code，FBC）和格雷二进制码（Grayor Reflected Binary Code，RBC）三种。PCM 用折叠码进行编码。

　　细心的读者可能会提出这样的问题，从上述抽样、量化、编码的 PCM 过程中没有发现明显的调制概念，那么为什么叫脉冲编码调制呢？其实调制的概念体现在抽样和编码过程中。虽然从概念上可以理解抽样的含义，但在电路中如何实现呢？在实际工程中，可控开关通常是用一个乘法器实现的，现在用图 4-4 脉冲编码调制模型说明这个问题。假设有一个模拟电压信号 $v(t)$ 通过乘法器与一个抽样窄脉冲序列 $p(t)$ 相乘，就会得到一个幅度随 $v(t)$ 的变化而变化的窄脉冲序列 $k(t)$。与抑制载波的双边带调幅相比，其主要差别在于载波不是正弦型信号而是窄脉冲序列（冲激序列）。另外，PCM 的输出信号是由 "0" 和 "1" 组成的脉冲序列，从信息传输的角度上看，该序列的作用相当于模拟调制中的载波，但原始信号（调制信号）不是通过脉冲序列的幅度或宽度等参量表示，而是利用 "0" 和 "1" 码元的不同组合携带信息（即所谓的编码）。也就是说，PCM 是将原始信号 "调制"（编码）到二元脉冲序列的码元组合上，而抽样的幅度调制实际上是为后面的编码调制铺路的，因此，整个抽样、量化和编码过程统称为脉冲编码调制。

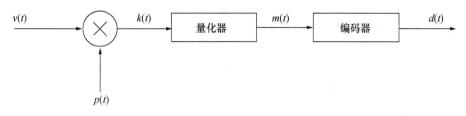

图 4-4 脉冲编码调制模型

4.4 抽样定理

当我们打电话的时候，在电话线路上传输的不是语音，而是语音通过信道编码转换后的脉冲序列，在接收端恢复语音波形。那么对于连续的说话人语音信号，如何转化成为一系列脉冲才能保证不失真呢？我们想到的就是抽样，每隔 M 毫秒对语音采样一次，看看电信号振幅，把振幅转换为脉冲编码传输出去，在收信端按某种规则重新生成语言。那么，每 M 毫秒采样一次，M 最小是多少？在接收端怎么才能恢复语言波形呢？如果不能从离散信号中恢复出原始信号，PCM 就没有任何意义。简单来说，模拟信号转换成数字信号的过程就是抽样定理。抽样定理包括低通抽样定理和带通抽样定理两个内容。

频带限制在 (f_L, f_H) 赫兹内的时间连续信号 $m(t)$，带宽 $B = f_H - f_L$，若 $f_L \leq B$，则该信号为低通型信号；若 $f_L > B$，则该信号为带通型信号。

4.4.1 低通抽样定理

低通抽样定理：对于一个带限模拟信号 $f(t)$，假设其频带为 $(0, f_H)$，若以抽样频率 $f_s \geq 2f_H$ 对其进行抽样（抽样间隔 $T_s \leq 1/f_s$），则 $f(t)$ 将被其样值信号完全确定。或者说，可从样值信号中无失真地恢复出原信号 $f(t)$。这里引出两个新术语：奈奎斯特间隔和奈奎斯特速率。所谓奈奎斯特间隔，就是能够唯一确定信号 $f(t)$ 的最大抽样间隔，而能够唯一确定信号 $f(t)$ 的最小抽样频率就是奈奎斯特速率。可见，奈奎斯特间隔为 $1/2f_H$，奈奎斯特速率为 $2f_H$。

【例 4-1】 单路语音信号的带宽为 4 kHz，对其进行 PCM 传输，求：

（1）最低抽样频率；

（2）抽样后按 8 级量化，求 PCM 系统的信息传输速率；

（3）若抽样后按 128 级量化，PCM 系统的信息传输速率又为多少？

解 （1）由于 $f_H = 4$ kHz，根据低通抽样定理，可知最低抽样频率 $f_s = 2f_H = 8$ kHz，即每秒有 8 000 个抽样值。

（2）对抽样值进行 8 级量化意味着要用 3 位。一个抽样值用 3 个码元，所以码元传输速率——波特率 R_B 为：

$$R_B = 3 \times 8\,000 = 24\,000 \text{ （Baud）。}$$

因为是二进制码元，波特率与比特率相等，所以信息传输速率——比特率 R_b 为：

$$R_b = 24\,000 \text{ （bit/s）}$$

（3）对抽样值进行 128 级量化意味着要用 7 位。一个抽样值用 7 个码元，所以码元传输速率——波特率 R_B 为：

$$R_B = 7 \times 8\,000 = 56\,000 \text{（Baud）}$$

因为是二进制码元，波特率与比特率相等，所以信息传输速率——比特率 R_b 为：

$$R_b = 56\,000 \text{（bit/s）}$$

4.4.2　带通抽样定理

实际工程中经常遇到带通型信号，即频谱不是从直流开始，而是在 $f_L \sim f_H$ 之间的一段频带内的信号。对带通信号是否也要求按 $f_s \geqslant 2f_H$ 的条件进行抽样？如果不是的话，则它与低通信号有何区别呢？下面结合图 4-5 进行定性分析。假设图 4-5 所示是一带通信号的频谱，为讨论方便，设 $f_L = 2\,B$，如图 4-5（a）所示。首先把 $f(t)$ 看成一个低通型信号（把频谱的上、下边带用虚线连起来），用抽样频率 $f_s = 2f_H$ 对其进行抽样，得到图 4-5（b）所示的样值信号频谱。从图中可见，频谱没有重叠，但是上、下边带之间的频带却是空的，如果要用低通滤波器恢复原始信号，则其带宽就必须等于 $3B$。如果按带通信号对待，用抽样频率对其进行抽样，就会得到图 4-5（c）所示的频谱。可见，频谱仍不重叠，而占用频带的宽度却减小了，此时，低通滤波器的带宽只需等于原始信号带宽 B 即可。

上例我们对带通信号取了一个特例，即 $f_L = 2\,B$。对于一般情况而言，只要 $f_L > 0$，当抽样频率满足 f_s 满足式（4-1）时：

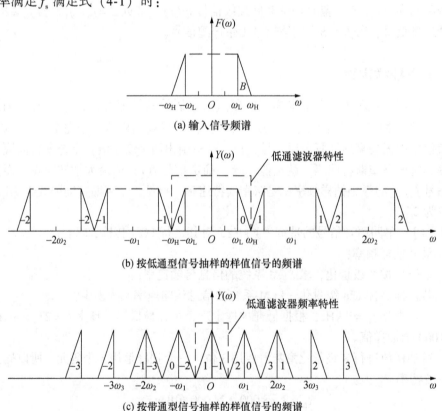

(a) 输入信号频谱

(b) 按低通型信号抽样的样值信号的频谱

(c) 按带通型信号抽样的样值信号的频谱

图 4-5　带通信号定性分析

$$f_s = 2(f_H - f_L)\left(1 + \frac{M}{N}\right) = 2B\left(1 + \frac{M}{N}\right) \tag{4-1}$$

就可以保证原始带通型信号 $f(t)$ 完全由样值信号所确定。

【例 4-2】 12 路载波电话信号的频带范围是 $60\sim108\,\text{kHz}$，求其最低抽样频率 f_{smin}。

解 因为信号带宽 $B = f_H - f_L = 108 - 60 = 48$ （kHz）

$$f_H / B = 2.25$$

所以 N 取 2，则 $M = 2.25 - 2 = 0.25$，根据式（4-1），可得：

$$f_{smin} = 2 \times 48\ (1 + 0.25/2) = 108\ （\text{kHz}）。$$

即最低抽样频率 $f_{smin} = 108\,\text{kHz}$。

需要指出的是，从上述两个抽样定理中可知，抽样信号必须是冲激信号。而理想的冲激信号是无法得到的，因此，在实际应用中，多采用窄脉冲序列代替冲激信号。

4.5　时分复用

一路基带语言信号的最高频率为 $3.4\,\text{kHz}$，一般取为 $4\,\text{kHz}$，如果对该信号进行 PCM，则根据抽样定理取抽样频率为 $f_s = 2f_H = 8\,\text{kHz}$，所对应的抽样间隔 $T_s = 1/f_s = 125\,\mu s$。如果每个样点的持续时间为 $25\,\mu s$，则样值信号的相邻两个样点之间就有 $100\,\mu s$ 的空闲时间。如果一个信号只传输一路这样的 PCM 信号，则每 1 秒中就有约 $0.8\,s$ 被白白浪费掉。如果进行长途传输，信道利用率低，则传输成本就会提高很多，这是人们难以容忍的，因此就有了时分复用技术。所谓时分复用就是对欲传输的多路信号分配以固定的传输时隙（时间），以统一的时间间隔依次循环进行断续传输。下面以图 4-6 为例详细介绍时分复用的原理。

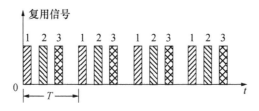

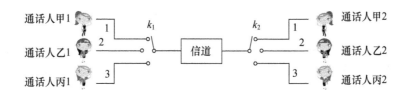

图 4-6　时分复用的原理

假设收信端、发信端各有 3 个人要通过一个实信道（一条电缆）同时打电话，把他们分成甲、乙、丙三对，并配以固定的传输时隙以一定的顺序分别传输他们的信号。例如，第一时刻开关拨在甲位，传输甲对通话者的信号；第二时刻开关拨在乙位，传输乙对通话者的信号；第三时刻开关拨在丙位，传输丙对通话者的信号；第四时刻又循环到传送甲对信号，周而复始，直到通话完毕。时分复用的特点是，各路信号在频谱上是互相重叠的，但在传输时彼此独立，任一时刻，信道上只有一路信号在传输。

在上述通信过程的描述中，需要注意两个问题。第一个问题就是传输时间间隔必须满足抽样定理，即各路样值信号分别传输一次的时间 $T \leqslant 125\ \mu s$，但每一路信号传输时所占用的时间（时隙）没有限制。显然，如果一路信号占用的时间越少，则可复用的信号路数就越多。第二个问题就是收信端和发信端的转换开关必须同步动作，否则信号传输就会发生混乱。这里需要引入"帧"的概念。所谓"帧"就是传输一段具有固定数据格式的数据所占用的时间。这里面包含两个意思，第一，帧是一段时间（不同应用或不同场合的帧其时间长短是不同的），每一帧中的数据格式是一样的；第二，帧是一种数据格式，一般来说同一种应用每一帧的时间长度和数据格式是一样的，但每一帧的数据内容可以不同（有时同一种应用其帧长允许变化，比如 802.3 协议中的帧）。因此在讲到帧时，要么是强调传输时间的长短，要么是强调数据格式的结构。例如，上面讲的语音信号复用时，每一个传输循环必须小于等于 125 μs，如果取最大值，则一个循环就是 125 μs。从传输时间上看，这 125 μs 就是 3 路语音信号 TDM 的一个帧，或者说，一个帧是 125 μs。而数据格式就是各路信号在一个帧中的安排方式（结构）。注意在图 4-6 的例子中，为了形象地说明时分复用，我们"掩盖"（没有画出）了量化和编码过程，而实际上 TDM 都是传输经过编码后的数字信号。

上例中，如果把 125 μs 四等分，前 3 个等分按甲、乙、丙的顺序分别传输 3 路语音信号，第 4 个等分传输一路控制信号，且每个样值都用 8 位二进制码编码，那么这种数据安排方式就是数据格式或帧结构。图 4-7 就是帧结构示意图。

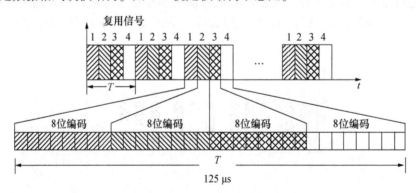

图 4-7　帧结构示意图

帧的概念非常重要，不但后面的复接技术要用到它，计算机网络中也经常碰到。例如，异步传输模式 ATM 的信元就可以理解成帧，其结构就是共有 53 个字节，每个字节有 8 位，前 5 个字节是信头也就是所谓的控制码，后 48 个字节是数据；我们常见的以太网数据帧结构（802.3 标准）就比 ATM 信元复杂一点。注意，这里的帧强调的是其数据格式也就是帧结构。

在 PCM 等其他具有 A/D 转换的通信应用中，一般都采用 TDM 进行信号传输，以提高信道利用率。

上述普通的时分复用技术有一个缺陷，即在传输过程中，如果有一路或多路信号在该它（它们）传输的时刻没有信号（信号为零），则事先分配给它（它们）的这一段时间就被浪费了。例如，我们打电话时的语音信号就是时断时续的。如果复用的路数比较多的话，这种时间浪费就不可忽视，因为它降低了信道利用率。为此，人们提出了统计时分复用（Statistical Time Division Multiplex，STDM）的概念，即对复用的多路信号不再分配给固定的传输时间，而是根据信号的统计特性动态分配传输时间。通俗来讲，就是对于每一路信号，你有值，我就给你传输时间；你没值我就跳过你，把时间分给有值的其他路信号。这样，由于每一次循环中所传输的信号路数都可能不一样，因此每一帧的长度就不同，统计时分复用的特点正在于此。统计时分复用的缺点是由于采用了流量控制，而对信号的传输带来了延时。STDM 通常与 TDM 结合起来使用。

4.6 数字复接

时分复用主要是为了提高信道的利用率和信息传输速率，可以采用时分复用把多路信号在同一个信道中分时传输。但是，假设要对 120 路电话信号进行复用，根据 PCM 过程，首先要在 125 μs 内完成对 120 路语音信号的抽样，然后对 120 个样点值分别进行量化和编码，这样对每路信号的处理时间不超过 1 μs。如果复用信号的路数增加到 320 路，那么每路信号的处理时间则少之又少。如果想在如此短的时间内完成大部分信号的 PCM 复用，则对电路及元器件精度的要求会很高，在技术上是比较难实现的。因此对于一定路数的信号，直接采用时分复用即可；但对于多路数的信号而言，采用数字复接技术是比较恰当的。

数字复接是指将两个或多个低速率数字流合并成一个较高速率数字流的过程。例如，对 30 路电话进行 PCM 复用后，通信系统的信息传输速率为 2 048 Mbit/s；那么要对 120 路电话进行时分复用，就需要将 4 个这样的 2 048 Mbit/s 的数字流合成一个高速数字流，这就是数字复接技术。复接后的速率是（2 048 × 4）Mbit/s。

在国际上，国际电报电话咨询委员会（CCITT）推荐了两类数字复接等级和数字系列速率，它们分别是 2 M 系列和 1.5 M 系列。如表 4-1 所示，由于北美各国和日本采用的基本复接单元为 1.544 Mbit/s，因此其复接等级为 1.5 M 系列。而欧洲和我国采用 2.048 Mbit/s 复接基本单元，因此其复接等级为 2 M 系列。它们分别对应 μ 压缩律 PCM 和 A 压缩律 PCM。

表 4-1 数字复接等级

群 号	2 M 系列		1.5 M 系列	
	速率（Mbit/s）	路 数	速率（Mbit/s）	路 数
一次群（基群）	2.048	30	1.544	24
二次群	8.448	30 × 4 = 120	6.312	24 × 4 = 96
三次群	34.368	120 × 4 = 480	32.064	96 × 5 = 480
四次群	139.264	480 × 4 = 1 920	97.728	480 × 3 = 1 440
五次群	564.992	1 920 × 4 = 7 680	397.200	1 440 × 4 = 5 760

　　通过表 4-1 可以看出，每次复接都是在上一次群的基础上进行的。例如，要在一条通路上传送 120 路电话时，可以将 4 个 30 路 PCM 系统的基群信号再进行时分复用，合成为一个码速为 8.448 Mbit/s 的 120 路的二次群信号；也可以合成一个 480 路数字通信系统，称为三次群。这些由低次群合成为高次群的方法都是通过数字复接技术来实现的。

　　数字复接系统由数字复接器和数字分接器两部分组成。数字复接器是在发送端，把两个或多个低速数字支路（低次群）按时分复用方式合并成为一个高速数字信号（高次群）的设备。它由定时、码速调整和复接三个单元组成，主要是提供一个统一的基准时钟，产生复接所需的各种定时控制信号。码速调整单元是受定时单元控制的，将速度不同的各支路信号进行调整，使之适合进行复接。复接单元也受定时单元控制，对已经调整好的支路信号实施复接，形成一个高速的合路数字流（高次群）；同时复接单元还必须插入帧同步信号和其他监控信号，以便接收各路信号。

　　数字分接器由同步、定时、分接和码速恢复 4 个单元组成。同步单元控制分接器的基准时钟，使之和复接器的基准时钟保持正确的相位关系，即保持收发同步，并从高速数字信号中提取定位信号送给定时单元；定时单元通过接收信号序列产生各种控制信号，并分送给支路进行分接；分接单元将各路数字信号进行时间上的分离，形成同步的支路数字信号，使码速恢复单元还原出与发送端一致的低速数字信号。

本章小结

　　本章首先讲解信源编码的作用和意义，意义在于减少冗余，提高通信的有效性。其次，讲解语音编码的分类。PCM 为脉冲编码调制，讲解了 PCM 三部曲，即抽样、量化、编码。先将信号离散化，离散信号数字化，然后数字信号二进制化。最后，介绍了时分复用技术和数字复接技术。

 课后习题

一、选择题

1. 根据抽样定理，用于对模拟信号进行抽样的频率 f_s 与模拟信号的最高频率 f_H 的关系是（　　）。

   A. $f_s < 2f_H$　　　　B. $f_s = 2f_H$　　　　C. $f_s > 2f_H$　　　　D. $f_s \geq 2f_H$

2. 设模拟信号的频率范围为 10～100 kHz，实际用于该信号的抽样频率为（　　）。

   A. 20 kHz　　　　B. 180 kHz　　　　C. 200 kHz　　　　D. 210 kHz

3. 对模拟信号进行模/数字转换后会产生（　　）。

   A. 失真　　　　　　　　　　　　B. 干扰

   C. 失真和干扰　　　　　　　　　D. 无失真和干扰

4. 通过抽样可以使模拟信号实现（　　）。

   A. 时间和幅值的离散　　　　　　B. 幅值上的离散

   C. 时间上的离散　　　　　　　　D. 频谱上的离散

二、填空题

1. PCM 方式的模拟信号数字化要经过_____、_____、_____三个过程。

2. 将模拟信号数字化的传输的基本方法有_____和_____两种。

3. 在模拟信号转变成数字信号的过程中，抽样过程是为了实现_____的离散、量化过程是为了实现_____的离散。

4. 抽样是将时间_____的信号变换为_____离散的信号。

5. 一个模拟信号在经过抽样后其信号属于_____信号，_____信号。

6. 量化是将幅值_____的信号变换为幅值_____的信号。

7. 采用非均匀量化的目的是为了提高_____的量化 SNR，代价是减少_____的量化 SNR。

三、简答题

1. 什么是非均匀量化？它的主要特点是什么？我国采用哪种压扩曲线？

2. 什么是时分多路复用？

3. 什么是均匀量化？它的主要缺点是什么？

4. 什么是脉冲编码调制？

5. 试画出 PCM 通信系统的原理方框图，并简述 PCM 通信的基本过程。

6. 抽样的作用是什么？抽样后的信号有什么特点？

7. 什么是奈奎斯特速率？什么是奈奎斯特间隔？

8. 什么是低通抽样？什么是带通抽样？

9. 语音编码的种类及特点是什么？

四、计算题

设模拟信号 $m(t)$ 的最高频率为 4 kHz，若采用 PCM 方式进行传输，抽样后按 16 级量化。

试求：（1）PCM 信号的信息传输速率；

（2）若将其转换成 8 进制信号进行传输，此时的码元速率是多少？

 **通信故事**

意大利的天才马可尼

伽利尔摩·马可尼（Guglielmo Marchese Marconi，1874—1937 年）是意大利电气工程师和发明家，1874 年生于意大利的博洛尼亚市。在博洛尼亚大学学习期间，马可尼用电磁波进行约 2 公里距离的无线电通信实验，获得成功。1909 年马可尼与布劳恩一起得诺贝尔物理学奖。

人类发明了电报和电话后，信息传播的速度不知比以往快了多少倍。电报、电话的出现缩短了各国家人民之间的距离感。但是，当初的电报、电话都是靠电流在导线内传输信号的，这使通信受到很大的局限。例如，要通信首先要有线路，而架设线路受到客观条件的限制。高山、大河、海洋均给线路的建造和维护带来很大的困难。况且，极需要通信联络的海上船舶和飞机，因为它们都是会移动的交通工具，所以无法用有线方式与地面上的人们联络。19 世纪发明的无线电通信技术，使通信摆脱了依赖导线的方式，是通信技术上的一次飞跃，也是人类科技史上的一个重要成就。

1894 年，即赫兹去世的那年，马可尼刚满 20 岁，他在电气杂志上读到了赫兹的实验和洛奇的报告。从小就喜欢摆弄线圈、电铃的他，便一头钻进了电磁波的研究中。他想既然赫兹能在几米外测出电磁波，那么只要有足够灵敏的检波器，也一定能在更远的地方测出电磁波。经过多次的失败，马可尼终于迈出了可喜的第一步。他在家中的楼上安装了发射电波的装置，楼下放置了检波器，检波器与电铃相接。只要马可尼在楼上接通电源，楼下的电铃就响了起来。晚上，当父亲看到了这个新奇的装置，把以前憋在肚子里的火气和不满都抛到九霄云外，再也不叫他"不切实际的空想家"了，并开始给儿子经济资助，让他一心搞实验。马可尼初次告捷后，信心增强了。他大量收集资料和文章，不管这些文章的作者是有名气的还是无名气的，只要对他有用、有所启发的文章，他都耐心阅读，仔细分析。他把各家的缺点分析清楚，把各人的长处集合起来，改进自己的机器。第二年夏天，马可尼又完成了一次非常成功的实验。到了秋天，实验又获得很大的进步。他把一只煤油桶展开，变成一块大铁板，作为发射的天线。把接收机的天线高挂在一棵大树上，用以增加接收的灵敏度。他还改进了洛奇的金属粉末检波器，在玻璃管中加入少量的银粉，与镍粉混合，再把玻璃管中的空气排除掉。这样一来，发射方增大了功率，接收端也增加了灵敏度。马可尼把发射机放在一座山岗的一侧，接收机安放在山冈另一侧的家中。当他的助手给他发送信号时，他守候着的接收机接收到了信号，带动电铃发出了清脆的响声。这响声对他来说比动人的交响乐更悦耳动听。这次实验的距离达到 2.7 公里。1937 年，马可尼与世长辞，在意大利罗马有近万人为他送葬，同时，英国所有无线电报和无线电话，以及广播电台停止工作 2 分钟，向这位无线电领域的伟大人物致哀。马可尼以及其他为无线电通信领域做出贡献的科学家虽然离开了我们，可是他们发明的无线电通信留给了后人，并将造福于人类。

无线电通信在现代世界中是极其重要的，它可以用于新闻、消遣、军事、科研、警察及其他目的。虽然从某些用途来说，电报（比无线电早发明半个世纪）也可以起到同样作用，但是许多用途只能由无线电来实现，例如，无线电可以与地上的汽车、海上的轮船、天上的飞机，甚至航天飞机相互通信。显然无线电的发明比电报的发明更为重要，因为电报发送的信息可以用无线电来发送，而无线电信息可以传到电报传不到的一些地方。

第 5 章 基带传输

本章简介

基带传输指的是基带信号的传输。在通信中，有时从原始信源转换过来的数字信号没有经过调制，就直接在信道中传输了，我们称之为基带传输。基带传输中主要涉及了两个问题：一是码型编码；一个是无失真传输条件。本章主要介绍基带传输的概念、码型编码的种类、无失真的传输条件等内容。

5.1 基带传输的概念

在数字传输系统中，传输对象通常是二进制数字信息，它可能来自计算机、网络或其他数字设备的各种数字代码，也可能来自数字电话终端的脉冲编码信号。设计数字传输系统的基本考虑是选择一组有限的离散波形来表示数字信息。这些离散波形可以是未经调制的不同电平信号，也可以是调制后的信号形式。由于未经调制的脉冲电信号所占据的频带通常从直流和低频开始，其带宽有限，因而称为数字基带信号。在某些有线信道中，特别是传输距离不太远的情况下，数字基带信号可以直接传送，我们称之为数字信号的基带传输。

虽然在多数情况下必须使用数字调制传输系统，但是对数字基带传输系统的研究仍是十分必要的。这不仅因为基带传输本身是一种重要的传输方式，还因为调制传输与之有着紧密的联系。如果把调制和解调过程看做是广义信道的一部分，则任何数字传输均可等效为基带传输系统，因此掌握数字信号的基带传输原理是十分重要的。如图 5-1 所示为数字基带信号传输系统的组成。

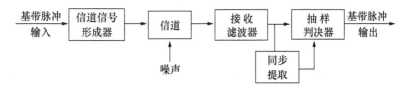

图 5-1 数字基带信号传输系统的组成

（1）信道信号形成器（发送滤波器）：压缩输入信号频带，把传输码变换成适宜于信道传输的基带信号波形。

（2）信道：信道的传输特性一般不满足无失真传输条件，因此会引起传输波形的失真。另外，信道还会引入噪声 $n(t)$，并假设它是均值为零的高斯白噪声。

（3）接收滤波器：它用来接收信号，滤除信道噪声和其他干扰，对信道特性进行均衡，使输出的基带波形有利于抽样判决。

（4）抽样判决器：对接收滤波器的输出波形进行抽样判决，以恢复或再生基带信号。

（5）同步提取：用同步提取电路从接收信号中提取定时脉冲。

图 5-2 为基带系统的各点波形示意图。其中，图 5-2（a）为输入信号；图 5-2（b）为码型变换后信号；图 5-2（c）为传输的波形；图 5-2（d）为信道输出后波形；图 5-2（e）为接收滤波输出后波形；图 5-2（f）为定时脉冲；图 5-2（g）为恢复后的信息，但是含有错误的码元。

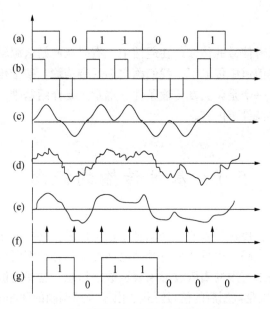

图 5-2　基带系统的各点波形示意图

5.2　码型编码

在前面介绍 PCM 编码时，我们知道，PCM 编码分为两步：第一步是确定二进制码组的位数；第二步则是确定应该采用怎样的码型，即采用什么样的电脉冲形式来表述这些二进制码组。通常由信源编码输出的数字信号多是经过自然编码的电脉冲序列，用高电平表示"1"，低电平表示"0"，此信号虽然是数字信号，但却不适合在信道中直接传输。例如，经自然编码后，有可能出现常连"0"或常连"1"的数据，这时数字信号会长时间地出现低电平或高电平，以致接收端很难确定各个码元的位置。因此在数字通信系统中，通常需要码型编码或码型变换，将数字信号用合适的电脉冲进行表示。

数字基带信号是数字信息的电脉冲表示，电脉冲的形式称为码型。通常把数字信息的电脉冲表示过程称为码型编码或码型变换，在有线信道中传输的数字基带信号又称为线路传输码型。码型还原为数字信息称为码型译码。不同的码型具有不同的频域特性，合理地设计码型使之适合于给定信道的传输特性，是基带传输首先要考虑的问题。通常，在设计数字基带信号码型时应考虑以下原则。

（1）码型中低频、高频分量尽量少。

（2）码型中应包含定时信息，以便定时提取。

（3）码型变换设备要简单可靠。

（4）码型具有一定检错能力，若传输码型有一定的规律性，就可根据这一规律性来检测传输质量，以便做到自动检测。

（5）编码方案对发送消息类型不应有任何限制，应适合于所有的二进制信号。这种与信源的统计特性无关的特性称为对信源具有透明性。

（6）低误码增值，误码增值是指单个数字传输错误在接收端接收时，造成错误码元的平均个数增加。从传输质量要求出发，希望它越小越好。

（7）高的编码效率。

以上几点并不是任何基带传输码型均能完全满足的，常常是根据实际要求满足其中的一部分。数字基带信号的码型种类繁多，在此仅介绍一些基本码型和目前常用的一些码型。

5.2.1　二元码

1. 单极性不归零码（如图 5-3（a）所示）

用高电平和低电平（常为零电平）两种取值分别表示二进制码 1 和 0，在整个码元期间电平保持不变，此种码通常记作 NRZ（不归零）码。这是一种最简单、最常用的码型，很多终端设备输出的都是这种码，因为一般终端设备都有一端是固定的 0 电位，因此输出单极性码最为方便。

单极性不归零码的特点是：在信道上占用频带较窄；存在的直流分量将会导致信号失真和畸变，而且由于直流分量的存在，无法使用一些交流耦合的线路和设备；不能直接提取位同步信息；接收单极性不归零码时，判决电平一般取"1"码电平的一半。由于信道特性随时间变化，容易带来接收信号电平的波动，因此判决门限不能稳定在最佳电平上，使之抗噪声性能变差。由于单极性不归零码的缺点，数字基带信号传输中很少采用这种码型，它只适合用在导线连接的近距离传输。

2. 双极性不归零码（如图 5-3（b）所示）

用正电平和负电平分别表示 1 和 0，在整个码元期间电平保持不变。双极性不归零码在 1、0 等概率出现时无直流成分，可以在电缆等无接地的传输线上传输，因此得到了较多的应用。

双极性不归零码的特点是：从统计平均的角度看，如果"1"和"0"等概时，则无直流分量；但当"1"和"0"不等概时，则仍有直流成分；接收端判决门限设在零电平，与接收信号电平波动无关，容易设置并且稳定，因此抗噪声性能强。

3. 单极性归零码（如图 5-3（c）所示）

单极性归零码常记作 RZ（归零）码。与单极性不归零码不同，当单极性归零码发送 1 时，高电平在整个码元期间 T 内只持续一段时间，在其余时间则返回到零电平；当发送 0 时，用零电平表示。T 称为占空比，通常使用半占空码。单极性归零码可以直接提取到定时信号，它是其他码型提取位定时信号时需要采用的一种过渡码型。

4. 双极性归零码（如图 5-3（d）所示）

在双极性归零码中，用正极性的归零码和负极性的归零码分别表示"1"和"0"，这种码兼有双极性和归零的特点。虽然双极性归零码的幅度取值存在三种电平，但是它用脉冲的正负极性表示两种信息，因此通常仍归入二元码。

双极性归零码在接收端根据接收波形归于零电平便知道 1 个码元已接收完毕，准备下个码元的接收。也就是说，正负脉冲的前沿起到了启动信号的作用，脉冲的后沿起到了终止信号的作用，因此，接收和发送之间无须特别的定时信息，各符号独立地构成了起止方式，这种方式也称为自同步方式。此外，双极性归零码也具有双极性不归零码的抗噪声性能强、码型中不含直流成分的优点，因此得到了较为广泛的应用。

以上四种码型是最简单的二元码，它们有丰富的低频乃至直流分量，不能用于有交流耦合的传输信道。另外，当信息中出现长"1"串或长"0"串时，不归零码呈现出连续的固定电平，没有电平跃变，也就没有定时信息。

单极性归零码在出现连续个 0 时也存在同样的问题。这些码型还存在的另一个问题是，信息 1 与信息 0 分别对应两个传输电平，相邻信号之间取值独立，相互之间没有制约，所以不具有检测错误的能力。由于以上这些原因，这些码型通常只用于设备内部和近距离的传输。

5. 差分码（如图 5-3（e），（f）所示）

在差分码中，"1"和"0"分别用电平的跳变或不变来表示。在电报通信中，常把"1"称为传号，把"0"称为空号。若用电平跳变表示 1，则称为传号差分码；若用电平跳变表示 0，则称为空号差分码。传号差分码和空号差分码分别记作 NRZ（M）和 NRZ（S）。这种码型的信息"1"和"0"不直接对应具体的电平幅度，而是用电平的相对变化来表示，其优点是信息存在于电平的变化之中，可有效地解决 PSK 同步解调时因收信端本地载波相位倒置而引起信息"1"和"0"的倒换问题，故得到广泛应用。由于差分码中电平只具有相对意义，因此又称为相对码。

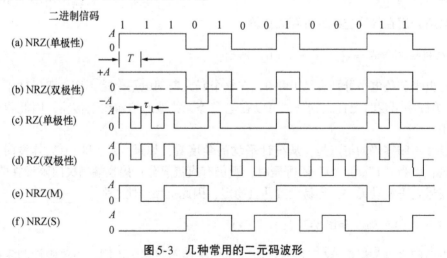

图 5-3 几种常用的二元码波形

6. 数字双相码

数字双相码（Digitaldiphase）又称分相码（Biphaso，Split-phase）或曼彻斯特码

（Manchester）。它用一个周期的方波表示"1"，用方波的反相波形表示"0"，并且都是双极性非归零脉冲。这样就等效于用 2 位二进制码表示信息中的 1 位码。例如，可以规定：用 10 表示"1"，用 01 表示"0"。因为双相码在每个码元间隔的中心都存在电平跳变，所以有丰富的位定时信息。在这种码中，正、负电平各占一半，因而不存在直流分量。

例如： 　代码：1 　 1 　 0 　 0 　 1 　 0 　 1

　　　　双相码：10 　10 　01 　01 　10 　01 　10

以上这些优点是用频带加倍来换取的。双相码适用于数据终端设备在短距离上的传输，在本地数据网中采用该码型作为传输码型，最高信息速率可达 10 Mbit/s。这种码常用于以太网中。若把数字双相码中用绝对电平表示的波形改成用电平的相对变化来表示（例如，相邻周期的方波如果同相则表示"0"，反相则代表"1"），就形成了差分码，通常称为条件双相码，记作 CDP 码，一般也称为差分曼彻斯特码。这种码常用于令牌环网中。

7. 密勒码

密勒码又称延时调制，它是数字双相码的一种变形。在这种码中，1 用码元间隔中心出现跃变表示，即用 10 或 01 表示。0 有两种情况：当出现单个 0 时，在码元间隔内不出现电平跃变，而且在与相邻码元的边界处也无跃变；当出现连续个 0 时，在两个 0 的边界处出现电平跃变，即 00 与 11 交替。这样，当两个 1 之间有一个 0 时，则在第 1 个 1 的码元中心与第 2 个 1 的码元中心之间无电平跳变，此时密勒码中出现最大脉冲宽度，即两个码元周期。由此可知，该码不会出现多于 4 个连码的情况，这个性质可用于检错。

数字双相码的上升沿正好对应于密勒码的下降沿。密勒码实际上是双相码的差分形式。密勒码最初用于气象卫星和磁记录，现在也用于低速基带数传机。

8. 传号反转码

传号反转码记作 CMI 码，与数字双相码类似，它也是一种双极性二电平不归零码。在 CMI 码中，1 交替地用 00 和 11 两位码表示，而 0 则固定地用 01 表示。CMI 码没有直流分量，有频繁的波形跳变，这个特点便于恢复定时信号。此外，10 为禁用码组，不会出现 3 个以上的连码，这个规律可用来进行宏观检测。

由于 CMI 码易于实现且具有上述特点，因此在高次群脉冲编码终端设备中被广泛用作接口码型，在光纤传输系统中有时也用作线路传输码型。

在数字双相码、密勒码和反转码中，原始二元码的每一位信息码在编码后都用一组两位的二元码表示，因此这类码又称为 1B2B 码型。

5.2.2　三元码

三元码指的是用信号幅度的三种取值表示二进制码，三种幅度的取值为：＋A、0、－A，或记作 ＋1、0、－1。这种方法并不是表示由二进制转换到三进制，信息的参量取值仍然为两个，所以三元码又称为准三元码或伪三元码。三元码种类很多，被广泛地用作脉冲编码调制的线路传输码型。

1. 传号交替反转码

传号交替反转码常记作 AMI 码。在 AMI 码中，二进制码 0 用 0 电平表示，二进制码 1

交替地用 +1 和 -1 的半占空归零码表示。

AMI 码中正、负电平脉冲个数大致相等,故无直流分量,低频分量较小。只要将基带信号经全波整流变为单极性归零码,便可提取位定时信号。利用传号交替反转规则,在接收端可以检错纠错。例如,当发现有不符合这个规则的脉冲时,就说明传输中出现错误。AMI 码是目前最常用的传输码型之一。

2. n 阶高密度双极性码

n 阶高密度双极性码记作 HDB_n 码,可看作是 AMI 码的一种改进型。使用这种码型的目的是解决信息码中出现连续 "0" 串时所带来的问题。HDB_n 码中的 "1" 也是交替地用 "+1" 和 "-1" 半占空归零码表示,但允许的连续 "0" 码的个数被限制为小于或等于 n。简单来说,HDB_n 码是采用在连续 "0" 码中插入 "1" 码的方式破坏连续 "0" 状态。这种 "插入" 实际上是用一种特定码组取代 $n+1$ 位连续 "0" 码,特定码组被称为取代节。HDB_n 码的取代节有两种:B00...0V 和 00...V,每种取代节都是 $n+1$ 位码。

HDB_n 码中应用最广泛的是 HDB_3 码。在 HDB_3 中,$n=3$,所以连续 "0" 不能大于 3。每当出现 4 个连续 "0" 码时,就用取代节 B00V 或 000V 代替,其中 B 表示符合极性交替变化规律的传号,V 表示破坏极性交替规律的传号,也称为破坏点。当两个相邻 V 脉冲之间的传号数为奇数时,采用 000V 取代节;当为偶数时,采用 B00V 取代节。这种选取原则能确保任意两个相邻 V 脉冲间的 B 脉冲数目为奇数,从而使相邻 V 脉冲的极性也满足交替规律。例如:

消息码: 1 0 0 0 0 1 0 0 0 0 1 1 0 0 0 0 0 0 0 0 1 1

AMI 码: -1 0 0 0 0 +1 0 0 0 0 -1 +1 0 0 0 0 0 0 0 0 -1 +1

HDB 码: -1 0 0 0 -V +1 0 0 0 +V -1 +1 -B 0 0 -V +B 0 0 +V -1 +1

虽然 HDB_3 码的编码规则比较复杂,但是译码却比较简单。从上述原理可以看出,每一个破坏符号 V 总是与前一个非 0 符号同极性(包括 B 在内)。这就是说,从收到的符号序列中可以容易地找到破坏点 V,于是也断定 V 符号及前面的 3 个符号必须是连 0 符号,从而恢复出 4 个连续 0 码,再将所有 -1 变成 +1 后便得到原消息代码。

HDB_3 码的特点是明显的,它除了保持 AMI 码的优点外,还增加了使连 0 串减少到至多 3 个的优点,这对于定时信号的恢复是十分有利的。HDB_3 码是 CCITT 推荐使用的码型之一。

3. BNZS 码

BNZS 码是 n 个连续的 0 取代双极性码的缩写。与 HDB_n 码相类似,该码可看做 AMI 码的另一种改进。当连续的 0 数小于 n 时,遵从传号极性交替规律;但当连续的 0 数为 n 或超过 n 时,则用带有破坏点的取代节来替代。常用的是 B6ZS 码,它的取代节为 0VB0VB,该码也有与 HDB_n 码相似的特点。

5.2.3 多元码

数字信息有 M 种符号时,称为 M 元码。相应地,要用 M 种电平表示它们,称为多元码。在多元码中，每个符号可以用来表示一个二进制码组。也就是说，对于 n 位二进制码组来说，可以用 $M=2^n$ 元码来传输。与二元码传输相比，在码元速率相同的情况下，它们的传输带宽是相同的，但是多元码的信息传输速率提高到 $\log_2 M$ 倍。

多元码在频带受限的高速数字传输系统中得到了广泛的应用。例如，在综合业务数字网中，数字用户环的基本传输速率为 144 kbit/s，若以电话线为传输媒介，所使用的线路码型为四元码 2B1Q。在 2B1Q 中，两个二进制码元用 1 个四元码表示。

多元码通常采用格雷码表示，相邻幅度电平所对应的码组之间只相差 1 bit，这样就可以减小在接收时因错误判定电平而引起的误比特率。多元码不仅用于基带传输，而且更广泛地用于多进制数字调制的传输中，以提高频带利用率。

5.3　数字基带信号的频谱

在实际通信中，被传送的信息是收信者事先未知的，因此数字基带信号是随机的脉冲序列。由于随机信号不能用确定的时间函数表示，也就没有确定的频谱函数，因此只能从统计数学的角度，用功率谱来描述它的频域特性。二进制随机脉冲序列的功率谱一般包含连续谱和离散谱两部分。

连续谱总是存在，通过连续谱在频谱上的分布，可以看出信号功率在频率上的分布情况，从而确定传输数字信号的带宽。离散谱却不一定存在，它与脉冲波形及出现的概率有关。而离散谱的存在与否关系到能否从脉冲序列中直接提取位定时信号，因此，离散谱的存在非常重要。如果一个二进制随机脉冲序列的功率谱中没有离散谱，则要设法变换基带信号的波形（码型）使功率谱中出现离散部分，以利于位定时信号的提取。

图 5-4 所示的功率谱是几种典型的数字基带信号功率谱，其分布似花瓣状，在功率谱的第一个过零点之内的花瓣最大，称为主瓣，其余的称为旁瓣。主瓣内集中了信号的绝大部分功率，因此主瓣的宽度可以作为信号的近似带宽，通常称为谱零点带宽。

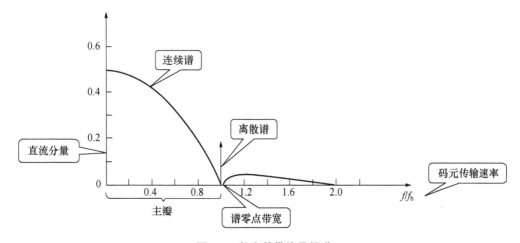

图 5-4　数字基带信号频谱

对于随机脉冲序列，由于它是非确知信号，故不能用付氏变换法确定其频谱，只能用统计的方法研究其功率谱。

1. 数字基带信号 $s(t)$ 的时域表达式

设二进制随机脉冲序列中 $g_1(t)$ 代表二进制符号的"0"，$g_2(t)$ 代表二进制符号的"1"，码元的间隔为 T_s，$g_1(t)$ 和 $g_2(t)$ 出现的概率分别为 P 和 $1-P$，且认为它们的出现是统计独立的，则数字基带信号 $s(t)$ 可由下式表示：

$$s(t) = \sum_{n=-\infty}^{\infty} s_n(t) \tag{5-1}$$

其中，
$$s_n(t) = \begin{cases} g_1(t-nT_s) & \text{以概率为 } P \\ g_2(t-nT_s) & \text{以概率为 } 1-P \end{cases} \tag{5-2}$$

由于任何波形均可分解为若干个波形的叠加，考虑到要了解基带信号中是否存在离散频谱分量以便提供同步信息，而周期信号的频谱是离散的，所以可以认为 $s(t)$ 是由一个周期波形 $v(t)$ 和一个随机交变波形 $u(t)$ 叠加而成。即 $s(t) = v(t) + u(t)$。

2. 随机基带序列 $s(t)$ 的功率谱密度

$s(t)$ 的单边功率谱密度为：

$$P_s(f) = 2f_s P(1-P) G_1(f) - G_2(f)^2 + f_s^2 |PG_1(0) + (1-P)G_2(0)|^2 \delta(f) +$$
$$2f_s^2 \sum_{m=1}^{\infty} |[PG_1(mf_s) + (1-P)G_2(mf_s)]|^2 \delta(f-mf_s) \qquad f \geqslant 0 \tag{5-3}$$

式中，

$$G_1(mf_s) = \int_{-\infty}^{\infty} g_1(t) e^{-j2\pi mf_s t} dt \tag{5-4}$$

$$G_2(mf_s) = \int_{-\infty}^{\infty} g_2(t) e^{-j2\pi mf_s t} dt \tag{5-5}$$

下面讨论式 (5-3) 中各项的物理含义。

第一项：$2f_s P(1-P) G_1(f) - G_2(f)^2$ 是由交变项 $u(t)$ 产生的连续频谱，对于实际应用的数字信号有 $P \neq 0$，$P \neq 1$，$g_1(t) \neq g_2(t)$，因此这一项总是存在的。对于连续频谱，我们主要关心的是它的分布规律，看它的能量主要集中在哪一个频率范围，并由此确定信号的带宽。通常 $s(t)$ 的基本波形是矩形脉冲，其功率谱密度的频率范围较宽，一般将主瓣带宽定义为信号带宽 B_s，并称为谱第一零点带宽。

第二项：$f_s^2 |PG_1(0) + (1-P)G_2(0)|^2 \delta(f)$，它是由稳态项 $v(t)$ 产生的直流成分的功率谱密度，但是这一项不一定都存在。例如，一般的双极性码，$g_1(t) = -g_2(t)$，$G_1(0) = -G_2(0)$，此时若"0"、"1"码等概率出现，则 $PG_1(0) + (1-P)G_2(0) = 0$，就没有直流成分。

第三项：$2f_s^2 \sum_{m=1}^{\infty} |[PG_1(mf_s) + (1-P)G_2(mf_s)]|^2 \delta(f-mf_s)$，是由稳态项 $v(t)$ 产生的离散频谱，这一项，特别是基波成分 f_s 如果存在，对位同步信号的提取将很容易，但是这一项也不一定都存在。例如，双极性码在等概率时，该项不存在。前面在介绍各种码型时就提到过双极性码不能直接提取同步信号。

5.4　数字基带信号的传输与码间串扰

实际通信中信道的带宽不可能无穷大，而数字基带信号在频域内又是无限延伸的，如果信道带宽设在零至第一个谱零点处，那么当这个基带信号通过该信道时，第一个谱零点后的频率就给截掉了，成为了一个带限信号，这就引起了较大的传输失真。

一个时间有限的信号，如门信号，它的傅里叶变换（频谱）在频域上就是向正负频率方向无限延伸的，如抽样信号。反之，一个频带受限的频域信号在时域上是无限延伸的，这样前面的码元对后面的码元就会造成不良的影响，这种影响就是码间干扰或符号间干扰。

数字基带信号通过基带传输系统时，由于系统（主要是信道）传输特性不理想，或者由于信道中加性噪声的影响，使收端脉冲展宽，延伸到邻近码元中去，从而造成对邻近码元的干扰，我们将这种现象称为码间串扰。

例如，假定发送端采用双极性码，当输入二进制码元序列中的"1"码时，经过信道信号形成器后，输出一个正的升余弦波形；而当输入"0"码时，则输出负的升余弦波形，分别如图 5-5（a）、（b）所示。当输入的二进制码元序列为 1110 时，经过实际信道以后，信号将有延时和失真，在不考虑噪声影响下，接收滤波器输出端得到的波形如图 5-5（c）所示，第一个码元的最大值出现在 t_0 时刻，而且波形拖得很宽，这个时候对这个码元的抽样判决应选择在 $t = t_0$ 时刻。对第二个码元的判决应选在 $(t + T_a)$ 时刻，依次类推，我们将在 $t = (t_0 + 3T_a)$ 时刻对第四个码元 0 进行判决。从图中可以看到：在 $t = (t_0 + 3T_a)$ 时刻，第一个码元、第二个码元、第三个码元的值还没有消失，这样势必影响第四个码元的判决。即接收端接收到的前三个码元的波形串到第四个码元抽样判决的时刻，影响第四个码元的抽样判决。这种影响就叫做码间串扰。

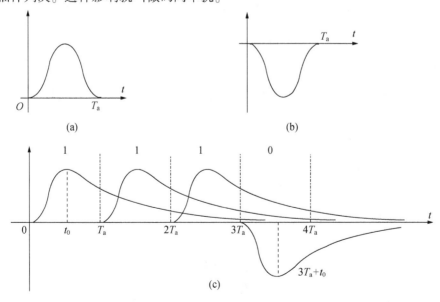

图 5-5　码间串扰

1. 无码间串扰的基带传输特性

在假设信道和接收滤波器所造成的延时 $t_0 = 0$ 时，无码间串扰的基带系统冲激响应应满足下式：

$$h(kT_s) = \begin{cases} 1(或常数) & k = 0 \\ 0 & k \text{ 为其他整数} \end{cases} \tag{5-6}$$

也就是说，$h(t)$ 的值除 $t = 0$ 时不为零外，在其他所有抽样点均为零，其对应的基带传输特性 $H(\omega)$ 应满足以下的频域条件：

$$H(\omega) = \begin{cases} \sum_i H\left(\omega + \dfrac{2\pi i}{T_s}\right) & |\omega| \leqslant \dfrac{\pi}{T_s} \\ 0 & |\omega| > \dfrac{\pi}{T_s} \end{cases} \tag{5-7}$$

式（5-7）称为奈奎斯特第一准则。它为我们确定某基带系统是否存在码间串扰提供了理论依据。这个公式的物理意义就是，把传输函数在 ω 轴上以 $\dfrac{2\pi}{T}$ 为间隔切开，然后分段沿 ω 轴平移到 $\left(-\dfrac{\pi}{T}, \dfrac{\pi}{T}\right)$ 区间内，将它们叠加起来，其结果应当是一个常数。

式（5-7）还可以写为

$$H(\omega) = \begin{cases} \sum_i H(\omega + 2\pi R_B i) = C(常数) & |\omega| \leqslant \pi R_B \\ 0 & |\omega| > \pi R_B \end{cases} \tag{5-8}$$

其中，$R_B = \dfrac{1}{T_s} = f_s$。

奈奎斯特准则的意义在于，它说明了理想低通信道的每赫兹带宽的最高码元传输速率是每秒 2 个码元。若码元的传输速率超过了奈奎斯特准则所给出的数值，则将出现码元之间的相互干扰，以致在接收端就无法正确判定码元是 1 还是 0。奈奎斯特准则是在理想条件下推导出来的，在实际条件下，最高码元传输速率要比理想条件下得出的数字要小一些。

2. 无码间串扰的理想低通滤波器

符合奈奎斯特第一准则的、最简单的传输特性是理想低通滤波器的传输特性，其传输函数为

$$H(\omega) = \begin{cases} T_s(或常数) & |\omega| \leqslant \dfrac{\pi}{T_s} \\ 0 & |\omega| > \dfrac{\pi}{T_s} \end{cases} \tag{5-9}$$

其对应的冲激响应为

$$h(t) = \frac{\sin \dfrac{\pi}{T_s} t}{\dfrac{\pi}{T_s} t} = Sa(\pi t / T_s) \tag{5-10}$$

式（5-10）称为截止频率。

$$B_N = \frac{1}{2T_s} \qquad (5\text{-}11)$$

式（5-11）称为奈奎斯特带宽。$T_s = 1/2B_N$ 称为系统传输无码间串扰的最小码元间隔，即奈奎斯特间隔。相应地，$R_B = 1/T_s = 2B_N$ 称为奈奎斯特速率，它是系统的最大码元传输速率。当码元速率 $R_B = \dfrac{2B_N}{k}$（$k = 1, 2, \ldots$）时，系统无码间干扰。该理想基带系统的频带利用率为

$$\eta = R_B/B \,(\text{Baud/Hz}) \qquad (5\text{-}12)$$

显然，理想低通传输函数的频带利用率为 2 Baud/Hz。这是最大的频带利用率，因为如果系统用高于 $1/T_s$ 的码元速率传送信码时，将存在码间串扰。若降低传码率，则系统的频带利用率将相应降低。

3. 无码间串扰的滚降系统

滚降特性的构成如图 5-6 所示。

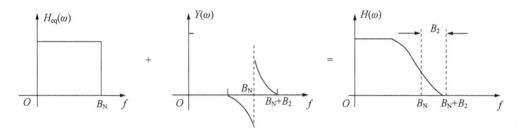

图 5-6　滚降特性的构成

滚降系数 α 为

$$\alpha = \frac{B_2}{B_N} \qquad (5\text{-}13)$$

其中，B_N 是无滚降时的截止频率，B_2 为滚降部分的截止频率。显然，$0 \leqslant \alpha \leqslant 1$。具有滚降系数 α 的余弦滚降特性 $H(\omega)$ 可表示成

$$H(\omega) = \begin{cases} T_s & 0 \leqslant |\omega| \leqslant \dfrac{(1-\alpha)\pi}{T_s} \\[2mm] \dfrac{T_s}{2}\left[1 + \sin\dfrac{T_s}{2\alpha}\left(\dfrac{\pi}{T_s} - \omega\right)\right] & \dfrac{(1-\alpha)\pi}{T_s} \leqslant |\omega| \leqslant \dfrac{(1+\alpha)\pi}{T_s} \\[2mm] 0 & |\omega| \geqslant \dfrac{(1+\alpha)\pi}{T_s} \end{cases} \qquad (5\text{-}14)$$

而相应的冲激响应为

$$h(t) = \frac{\sin(\pi t/T_s)}{\pi t/T_s} \cdot \frac{\cos(\alpha \pi t/T_s)}{1 - (2\alpha \pi t/T_s)^2} \qquad (5\text{-}15)$$

引入滚降系数 α 后，系统的带宽为

$$B = (1 + \alpha)B_N \qquad (5\text{-}16)$$

此系统无码间干扰的码速率为 $R_B = \dfrac{2B_N}{k}$（Baud）（$k = 1, 2, \ldots$），无码间干扰的最大码速率为 $2B_N$（Baud）。

此时，系统的最大频带利用率为

$$\eta = \frac{R_{Bmax}}{B} = \frac{2}{(1+\alpha)}(\text{Baud/Hz}) \qquad (5\text{-}17)$$

理想低通系统的优点是频带利用率高，但这种特性的系统在实际中实现很困难，而且时域波形的尾巴衰减振荡幅度较大。在实际系统中，常采用具有升余弦频谱特性的传输函数，其时域波形的"尾巴"衰减快，而且易于实现，缺点是频带利用率低。当 $\alpha = 1$ 时，频带利用率为 1 Baud/Hz。

【例 5-1】 理想低通型信道的截止频率为 3 000 Hz，当传输以下二电平信号时，求信号的频带利用率和最高信息速率：

（1）理想低通信；

（2）$\alpha = 0.4$ 的升余弦滚降信号。

解　（1）理想低通信号的频带利用率为 $\eta_b = 2\text{Baud/Hz}$（或 bit/(s·Hz)），取信号的带宽为信道的带宽，由 η_b 的定义式 $\eta_b = \frac{R_b}{B}$ 可求出最高信息传输速率为 $R_b = \eta_b B = 2 \times 3\,000 = 6\,000$（bit/s）。

（2）升余弦滚降信号的频带利用率为 $\eta_b = \frac{2}{1+\alpha} = \frac{2}{1+0.4} = 1.43$（Baud/Hz）

取信号的带宽为信道的带宽，可求出最高信息传输速率为 $R_b = \eta_b B = 1.43 \times 3\,000 = 4\,290$（bit/s）。

5.5　眼　　图

眼图是指利用实验的方法估计和改善（通过调整）传输系统性能时在示波器上观察到的一种图形。从"眼图"上可以观察出码间串扰和噪声的影响，从而估计系统优劣程度。

1. 无噪声时的眼图

眼图的"眼睛"张开的大小反映着码间串扰的强弱。"眼睛"张得越大，且眼图越端正，表示码间串扰越小；反之表示码间串扰越大。如图 5-7（c）所示。

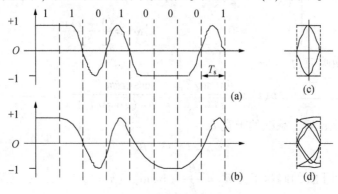

图 5-7　基带信号波形及眼图

2. 存在噪声时的眼图

当存在噪声时，观察到的眼图的线迹会变得模糊不清。若同时存在码间串扰，"眼睛"将张开得更小。与无码间串扰时的眼图相比，原来清晰端正的细线迹，变成了比较模糊的带状线，而且不是很端正。噪声越大，线迹越宽，越模糊；码间串扰越大，眼图越不端正。如图 5-7（d）所示。为了进一步说明眼图和系统性能的关系，把眼图简化成一个模型，如图 5-8 所示。

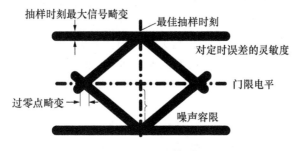

图 5-8　眼图模型

（1）最佳抽样时刻在"眼睛"张得最大的时刻。
（2）对定时误差的灵敏度可由眼图斜边的斜率决定。
（3）在抽样时刻上，眼图上下两分支阴影区的垂直高度，表示最大信号畸变。
（4）眼图中横轴位置应对应判决门限电平。
（5）各相应电平的噪声容限。
（6）倾斜分支与横轴相交的区域的大小，表示零点位置的变动范围。

图 5-9（a）、（b）分别是二进制升余弦频谱信号在示波器上显示的两张眼图照片，图 5-9（a）是在几乎无噪声和无码间干扰下得到的，而图 5-9（b）则是在一定噪声和码间干扰下得到的。

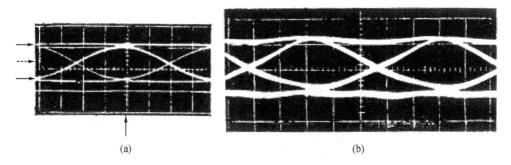

(a)　　　　　　　　　　　　　　　　　(b)

图 5-9　眼图模型

顺便指出，在接收二进制波形时，在一个码元周期内只能看到一只"眼睛"；若接收的是 M 进制波形，则在一个码元周期内可以看到纵向显示的（$M-1$）只"眼睛"。另外，若扫描周期为 n 时，可以看到并排的 n 只"眼睛"。

5.6 改善数字基带系统性能的措施

1. 均衡

实际的基带传输系统不可能完全满足无码间串扰的条件，都会有一定的偏差，从而引起码间串扰，因此要尽可能地减少码间串扰带来的影响。当串扰严重时，必须对系统的传输函数 $H(\omega)$ 进行校正，使其达到或接近无码间串扰要求的特性。实践表明，在接收端抽样判决器之前插入一种可调滤波器，将能减少码间串扰的影响，甚至使实际系统的性能十分接近最佳系统性能。这种对系统进行校正的过程称为均衡。实现均衡的滤波器称为均衡器。

均衡分为频域均衡和时域均衡。频域均衡是指利用可调滤波器的频率特性去补偿基带系统的频率特性，使包括均衡器在内的整个系统的总传输函数满足无失真传输条件。而时域均衡则是利用均衡器产生的响应波形去补偿已畸变的波形，使包括均衡器在内的整个系统的冲激响应满足无码间串扰条件。

频域均衡在信道特性不变，且在传输低速数据时是适用的。而时域均衡可以根据信道特性的变化进行调整，能够有效地减小码间串扰，故在高速数据传输中得以广泛应用。

2. 部分响应系统

部分响应系统是指利用部分响应波形进行传送的基带传输系统。部分响应波形通过有控制地在某些码元的抽样时刻引入码间干扰，而在其余码元的抽样时刻无码间干扰，从而不仅使频带利用率提高到理论上的最大值（2 Baud/Hz），同时又降低了对定时精度的要求。当然上述优点是以牺牲可靠性为代价的，即部分响应系统的抗噪声能力远低于非部分响应系统的抗噪声性能。

本章小结

掌握数字基带信号概念、基带传输系统的组成及其常用码型；理解数字基带波形的形成；理解对数字基带信号的功率谱进行分析的思路；掌握无码间干扰的基带传输特性（时域特性和频域特性）、奈奎斯特第一准则及常见的无码间干扰的滚降系统；了解眼图的概念及如何用来衡量数字基带传输系统性能的优劣；了解时域均衡的概念和基本原理；掌握常见部分响应系统构成分析方法。

 课后习题

一、选择题

1. 设某传输码序列为 +1 −10000 +100 −1 +100 −1 +100 −1，该传输码属于（　　）。

A. RZ 码　　　　　　　B. HDB$_3$ 码　　　　　C. CMI 码　　　　　　D. AMI 码

2. 设某传输码序列为 +1 −100 −1 +100 +1 −1000 −1 +100 −1，该传输码属于（　　　）。
　　A. AMI 码　　　　　B. CMI 码　　　　　C. HDB$_3$ 码　　　　　D. RZ 码

3. 以下数字码型中，不具备一定的检测差错能力码为（　　　）。
　　A. NRZ 码　　　　　B. CMI 码　　　　　C. AMI 码　　　　　D. HDB$_3$ 码

4. 若采用 4 进制码进行基带传输，其无码间干扰时能得到的最高频谱利用率为
　　（　　　）。
　　A. 2 Baud/Hz　　　B. 3 Baud/Hz　　　C. 4 Baud/Hz　　　D. 5 Baud/Hz

5. 以下可以消除或减小码间干扰方法是（　　　）。
　　A. 自动增益控制技术　　　　　　　　　B. 均衡技术
　　C. 最佳接收技术　　　　　　　　　　　D. 量化技术

6. 在数字基带传输系统中，以下不能消除码间干扰系统传输特性的是（　　　）。
　　A. 理想低通特性　　B. 升余弦特性　　C. 匹配滤波特性　　D. 线性滚降特性

7. 以下无法通过观察眼图进行估计的是（　　　）。
　　A. 抽样时刻的偏移情况　　　　　　　　B. 判决电平的偏移情况
　　C. 码间干扰的大小情况　　　　　　　　D. 过零点的畸变情况

8. 观察眼图应使用的仪表是（　　　）。
　　A. 频率计　　　　　B. 万用表　　　　　C. 示波器　　　　　D. 扫频仪

二、填空题

1. 在 HDB$_3$ 中每当出现＿＿＿＿＿＿个连续 0 码时，要用取代节代替。

2. HDB$_3$ 码于 AMI 码相比，弥补了 AMI 码中＿＿＿＿＿＿的问题，其方法是用＿＿＿＿＿＿
　　替代＿＿＿＿＿＿。

3. 根据功率密度谱关系式，一个可用的数字基带信号功率密度谱中必然包含＿＿＿＿＿＿
　　＿＿＿＿＿＿分量。

4. 根据数字基带信号的功率密度谱可知，要使所选取的码型中具有时钟分量该码型
　　必须是＿＿＿＿＿＿码。

5. 由功率谱的数学表达式可知，随机序列的功率谱包括＿＿＿＿和＿＿＿＿两大部分。

6. 设码元的速率为 2.048 Mbit/s，则 $\alpha = 1$ 时的传输带宽为＿＿＿＿＿＿，$\alpha = 0.5$ 时传
　　输带宽为＿＿＿＿＿＿。

7. 理想低通时的频谱利用率为＿＿＿＿＿＿＿，升余弦滚降时的频谱利用率为＿＿＿
　　＿＿＿＿＿。

8. 将满足 $\displaystyle\sum_{n \to -\infty}^{\infty} H\left(\omega + \frac{2\pi n}{T_{\mathrm{s}}}\right) = T_{\mathrm{s}}$　$|\omega| \leqslant \dfrac{\pi}{T_{\mathrm{s}}}$ 条件的数字基带传输系统特性称为＿＿＿＿＿＿
　　特性，具有该特性的数字基带传输系统可实现＿＿＿＿＿＿传输。

9. 可以获得消除码间干扰的 3 大类特性（系统）是：＿＿＿＿＿＿特性、＿＿＿＿＿＿特
　　性和＿＿＿＿＿＿系统。

10. 在满足无码间干扰的条件下，频谱利用率最大可达到＿＿＿＿＿＿。

三、画图题

1. 设有一数字序列为 1011000101，请画出相应的单极性非归零码（NRZ）、归零码

（RZ）、差分码和双极性归零码的波形。

2. 设有一数字序列为 1011000101，请画出相应的 NRZ 码、RZ 码、双极性归零码、AMI 码和四电平码的波形。

3. 设有一数字码序列为 100100000101100000000001，试编写相关码、AMI 码和 HDB₃ 码；并画分别出编码后的波形（第一个非零码编为 –1）。

四、思考题

1. 什么是数字基带信号？数字基带信号有哪些常用码型？它们各有什么特点？
2. 研究数字基带信号功率谱的目的是什么？信号带宽怎么确定？
3. 何谓码间串扰？它产生的原因是什么？对通信质量有什么影响？
4. 为了消除码间串扰，基带传输系统的传输函数应满足什么条件？
5. 什么是奈奎斯特速率和奈奎斯特带宽？
6. 什么是眼图？它有什么作用？
7. 时域均衡和部分响应系统解决了什么问题？

 **通信故事**

莫尔斯和电报机

塞缪尔·莫尔斯（1791—1872 年）是美国的画家和发明家。莫尔斯曾两度赴欧洲留学，在肖像画和历史绘画方面成了当时公认的一流画家。1826 年至 1842 年莫尔斯任美国画家协会主席。但一次平常的旅行，却改变了莫尔斯的人生轨迹，电报机也因此登上了历史舞台，通信史翻开了崭新的一页。

莫尔斯在 1832 年从法国返回美国的旅途中萌生了发明电报的愿望。当时莫尔斯已经 41 岁了，在法国学了 3 年绘画后坐轮船返回美国。轮船在大西洋中航行，为了打破长途旅行的沉闷气氛，美国医生杰克逊向旅客们展示了一种叫"电磁铁"的新器件并讲述电磁铁原理。杰克逊滔滔不绝地介绍电磁学的一些知识，莫尔斯被深深地吸引住了。杰克逊的一句话深深地印在了莫尔斯的脑海里。杰克逊说："实验证明，不管电线有多长，电流都可以神速地通过。"这句话使莫尔斯产生了遐想：既然电流可以瞬息通过导线，那能不能用电流来进行远距离传递信息呢？莫尔斯为自己的想法兴奋不已。莫尔斯回到美国后，担任纽约大学美术教授以维持生计。教学之余，他把大部分精力都投到电报机的设计上。1835 年，他毅然告别了绘画艺术，专心学习电磁学知识，一门心思地进行电报装置的制作。在他的画册上，再也见不到写生画和肖像画，见到的只是各种各样的电报机设计方案和草图。

莫尔斯的发报机的结构是这样的：先把凹凸不平的字母版排列起来，拼成文章，然后让字母版慢慢地触动开关，得以继续地发出信号；而收报机的结构则是，不连续的电流通过电磁铁，牵动摆尖左右摆的前端，它与铅笔连接，在移动的红带上划出波状的线条，经译码便还原成电文。莫尔斯的第一台电报机，只能在 2～3 米的距离内有效。这是由于当收发双方距离增大时，电阻相应增加而失灵。要想使电报应用到实际生活中，就必须进一步改进。后来莫尔斯拜著名电磁学家、感应电流的发现者亨利为师，虚心求教，亨利让莫尔斯把电磁铁换成使用绝缘导线的强力电磁铁，并用继电器把每个备有电池的电路串联起来，另一条则用地线代替。1836 年，莫尔斯终于找到了一种新的方法，他在笔记本上记下了一个新的设计方案："电流只要停止片刻，就会出现火花。有火花出现可以看成是一种符号；没有火花出现是另一种符号；没有火花的时间长度又是一种符号。这 3 种符号如果组合起来代表数字和字母，就可以通过导线来传递文字了。"

莫尔斯电报是如何传递信息的呢？在拍发电报时，电键将电路接通或断开，信息是以"点"和"划"的电码形式来传递的。发一个"点"需合 0.1 秒，发一"划"需要 0.3 秒。在这种情况下，电信号的状态只有两种：按键时有电流，不按键时无电流。有电流时称为传号，用数字"1"表示；无电流时称为空号，用数字"0"表示。一个"点"就用"1"、"0"来表示，一个"划"就用"1"、"1"、"1"、"0"来表示。莫尔斯电报将要传送的字母或数字用不同排列顺序的"点和划"来表示，这就是莫尔斯电码，也是电信史上最早的编码。莫尔斯的新奇构思是电报发明的一个重大突破，直到今天，莫尔斯电码仍在普遍使用着。

1838 年 1 月，莫尔斯进行 3 英里收发电报的试验获得了成功。1840 年 4 月，这项发明申请到了专利。他试图说服别人投资生产电报机，但却没人感兴趣。莫尔斯只得到欧洲去活动，希望能在欧洲推广应用。然而这时英国的惠斯通已经发明了电磁电报，俄国的希林也造出了其他样式的电报机大大延长了通信距离，达到了可以实际应用的水准。1842 年，莫尔斯终于盼来了大展宏图的时机，美国国会通过了开发电报技术的议案。1843 年，美国国会决定拨款 3 万美元架设华盛顿和巴尔的摩之间长距离的电报线路，全长 64.4 千米。第二年长距离电报收发又获得成功。1844 年 5 月 24 日，是世界电信史上光辉的一页。这一天，在美国国会大厅里举行了一次隆重的电报机通信实验活动。在座无虚席的国会大厦里，莫尔斯踌躇满志地向应邀前来的科学家和政府人士介绍了电报机的原理。他的演讲激起了听众们的极大兴趣，人们都焦急地等待着"用电线传递消息"的奇迹发生。莫尔斯接通电源，用他那激动得有些颤抖的双手，操纵着他倾注十余年心血研制成功的电报机，向巴尔的摩发出了人类历史上的第一份电报："上帝创造了何等奇迹！"随着一连串的"嘀嘀嗒嗒"声的响起，电文通过电线很快就传到数十千米开外的巴尔的摩，莫尔斯的助手接到了他传来的电文，并准确无误地把电文译了出来。莫尔斯的电报终于成功了！

1844 年 5 月 24 日成了国际公认的电报发明日。莫尔斯的电报因为使用了电报编码，具有简单、准确和经济实用的特点，比其他人发明的电报优越得多。很快，莫尔斯的电报风靡全球。如今，莫尔斯电码已成为现代电报通信的基本传信方法。

莫尔斯在 1848 年筹建了私人股份公司，1850 年又筹建了电报公司，在电报的发展和普及方面做出了重大贡献。电报的发明，拉开了电信时代的序幕，开创了人类利用电来传递信息的历史。

第6章 模拟调制系统

本章简介

通信的目的是为了把信息向远处传递，因此需要把欲发射的低频信号"搬"到高频波上去，因此有了调制的概念。本章将详细介绍模拟通信系统的分类，以及对调制和解调的原理给出详细的讲解，最后对于模拟调制系统的抗噪声性能给出简单的介绍。

6.1 调制简介

6.1.1 调制的概念

所谓调制，就是在发送端将要传送的信号附加在高频振荡信号上，也就是使高频振荡信号的某一个或几个参数随基带信号的变化而变化。其中，要发送的基带信号又称"调制信号"，高频振荡信号又称"被调制信号"。调制的模型可以用图 6-1 来表示。

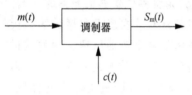

图 6-1　调制的模型

图 6-1 中，$m(t)$ 为调制信号，即含有信息的原始信号（基带信号）；$c(t)$ 为载波信号，一般是高频信号；$S_m(t)$ 为已调信号。

在接收端需要把经过调制后的信号频谱还原为基带信号的频谱，这个过程称为解调。在同一个通信系统中，调制和解调总是成对出现，它们是通信系统中极为重要的组成部分。

6.1.2 调制在通信系统中的作用

调制在通信系统中的作用至关重要，主要表现在以下几个方面。

（1）进行频率变换，把调制信号的频谱搬移到所希望的频带上，从而将调制信号转换成适合信道传输的已调信号。每种信道都有特定的工作频率，多数为高频，即使是适合低频信号传输的某些有线信道（如电话线、电缆），在直流和很低频率处衰减也非常剧烈，因此需要按信道允许的工作频率对调制信号进行频率搬移，实现信源信号与信道信号的匹配。

（2）实现信道多路复用，提高信道利用率。信道的通带较宽，具备传输多路信号的能力，可以通过不同载波把基带信号分别调制到不同的频段，这种在频域上实现的多路复用称为频分复用。另外，还有时分复用、码分复用等复用方式，这些复用也都需要通过调制实现。

（3）提高抗干扰能力。在信道中噪声和干扰的影响不可能完全消除，但是可以选择适当的调制方式来减少它们的影响。后面讨论不同的调制方式具有不同的抗噪声性能。

6.1.3　调制的分类

根据调制的概念，调制涉及调制信号、载波信号及调制过程中基带信号对载波信号中的参数控制，按照信号 $m(t)$ 和载波 $c(t)$ 的不同以及参数控制的不同，可以对调制进行如下分类。

1. 按照调制信号 $m(t)$ 分类

（1）模拟调制：$m(t)$ 为模拟信号，如 AM、DSB、SSB、VSB、FM、PM。
（2）数字调制：$m(t)$ 为数字信号，如 ASK、FSK、PSK 等。

2. 按照载波信号 $c(t)$ 分类

（1）连续波调制：$c(t)$ 为连续正（余）弦波，如 AM、DSB、SSB、VSB、FM、PM、ASK、FSK、PSK 等。
（2）脉冲波调制：$c(t)$ 为周期性脉冲信号，PAM、PCM 等。

3. 按照 $m(t)$ 对 $c(t)$ 不同参数的控制分类

（1）幅度调制：载波的幅度随调制信号线性变化的过程，如 AM、ASK。
（2）频率调制：当载波的振幅保持不变，而载波的频率受调制信号的控制而发生变化的，称为频率调制，如 FM、FSK。
（3）相位调制：当载波的振幅保持不变，而载波的相位受调制信号的控制而发生变化的，称为相位调制，如 PM、PSK、DPSK。

在模拟调制系统中，根据调制前后频谱特性不同，调制又分为线性调制、非线性调制两部分。线性调制包括幅度调制，即 AM、DSB、SSB、VSB；外线性调制包括角度调制 FM、PM，总共有六种调制方式。

6.2　线性调制

若已调信号的频谱只是调制信号频谱的平移及线性变换，则称为线性调制。本节主要介绍幅度调制（AM）、单边带调制（SSB）、双边带调制（DSB）和残留边带调制（VSB）四种线性调制方式。它们都是对载波的幅度进行的调制，所以也称为幅度调制。

6.2.1　幅度调制

1. 调制过程

假设调制信号 $m(t)$ 的平均值为 0，将其叠加一个直流分量 A_0 后与载波相乘，如图 6-2 所示，即可形成调幅信号。其时域表示式为：

$$S_{AM}(t) = [A_0 + m(t)]\cos\omega_c t = A_0\cos\omega_c t + m(t)\cos\omega_c t \qquad (6\text{-}1)$$

式（6-1）中 A_0 为外加的直流分量。

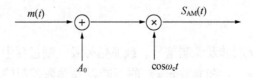

图 6-2　幅度调制的一般模型

若 $m(t)$ 为确知信号，则 AM 信号的频谱为

$$S_{AM}(\omega) = \pi A_0 [\sigma(\omega+\omega_c)+\sigma(\omega-\omega_c)] + \frac{1}{2}[m(\omega+\omega_c)+m(\omega-\omega_c)] \quad (6\text{-}2)$$

其典型的波形和谱如图 6-3 所示。

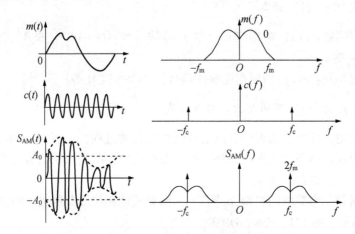

图 6-3　典型的波形和频谱

设 $m(t)=\cos\omega_c t$，则其理论上的波形和频谱如图 6-4 所示。

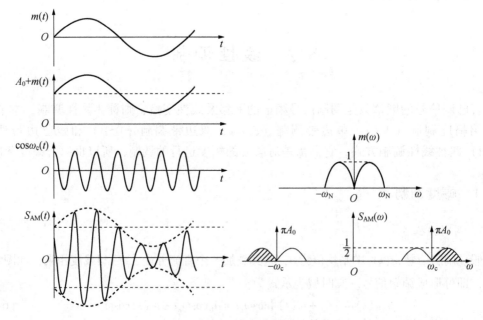

图 6-4　波形和频谱

由波形可以看出，当输入信号满足条件

$$A_0 + m(t) \geqslant 0 \qquad (6\text{-}3)$$

时，AM 波的包络与调制信号 $m(t)$ 的形状完全一样，因此，用包络检波的方法很容易恢复出原始调制信号，通常把式（6-3）称为包络检波不失真条件。如果不满足上述条件，用包络检波将会发生失真。但是，可以采用其他的解调方法，如相干解调。

由频谱可以看出，AM 信号的频谱由载频分量、上边带、下边带三部分组成。上边带的频谱结构与原调制信号的频谱结构相同，下边带是上边带的镜像。因此，AM 信号是带有载波分量的双边带信号，它的带宽是基带信号带宽 f_m 的 2 倍，即

$$B_{AM} = 2f_m \qquad (6\text{-}4)$$

AM 信号在 1 Ω 电阻上的平均功率等于 $S_{AM}(t)$ 的均方值。当 $m(t)$ 为确知信号时，$S_{AM}(t)$ 的均方值等于其平方的时间平均，即

$$P_{AM} = \overline{S_{AM}^2(t)} = \overline{[A_0 + m(t)]^2 \cos^2 \omega_c t} = \overline{A_0^2 \cos^2 \omega_c t} + \overline{m^2(t) \cos^2 \omega_c t} + \overline{2A_0 m(t) \cos^2 \omega_c t}$$

通常假设调制信号的平均值为 0，即 $\overline{m(t)} = 0$。因此

$$P_{AM} = \frac{A_0^2}{2} + \frac{\overline{m^2(t)}}{2} = P_c = P_S \qquad (6\text{-}5)$$

在（6-5）式中，$P_c = A_0^2 / 2$ 为载波功率；$P_S = \overline{m^2(t)}/2$ 为边带功率。由此可见，AM 信号的总功率包括载波功率和边带功率两部分。只有边带功率才与调制信号有关，也就是说，载波分量并不携带信息。有用功率（用于传输有用信息的边带功率）占信号总功率的比例可以写成

$$\eta_{AM} = \frac{P_S}{P_{AM}} = \frac{\overline{m^2(t)}}{A_0^2 + \overline{m^2(t)}} \qquad (6\text{-}6)$$

我们把 η_{AM} 称为调制效率。当调制信号为单音余弦信号时，即 $m(t) = A_m \cos \omega_c t$ 时，$\overline{m^2(t)} = \dfrac{A_m^2}{2}$。此时调制效率为

$$\eta_{AM} = \frac{\overline{m^2(t)}}{A_0^2 + \overline{m^2(t)}} = \frac{A_m^2}{2A_0^2 + A_m^2} \qquad (6\text{-}7)$$

在"满调幅"（即 $|m(t)|_{max} = A_0$ 时，也称 100% 调制）条件下，这时调制效率的最大值为 $\eta_{AM} = 1/3$。因此，AM 信号的功率利用率比较低。

2. AM 信号的解调

调制过程的逆过程叫做解调。AM 信号的解调是把接收到的已调信号 $S_{AM}(t)$ 还原为调制信号 $m(t)$。AM 信号的解调方法有两种：相干解调和包络检波解调。

（1）相干解调

由 AM 信号的频谱可知，如果将已调信号的频谱搬回到原点位置，即可得到原始的调制信号频谱，从而恢复出原始信号。解调中的频谱搬移同样可用调制时的相乘运算来实现。相干解调的原理框图如图 6-5 所示。

将已调信号乘上一个与调制器同频同相的载波，得

$$S_{AM}(t) \cdot \cos \omega_c t = [A_0 + m(t)] \cos^2 \omega_c t = \frac{1}{2}[A_0 + m(t)] + \frac{1}{2}[A_0 + m(t)] \cos 2\omega_c t \qquad (6\text{-}8)$$

由式（6-8）可知，只要用一个低通滤波器，就可以将第 1 项与第 2 项分离，无失真

地恢复出原始的调制信号 $m_0(t) = \dfrac{1}{2}[A_0 + m(t)]$。

相干解调的关键是必须产生一个与调制器同频同相位的载波。如果同频同相位的条件得不到满足，则会破坏原始信号的恢复。

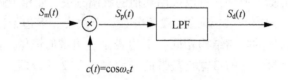

图 6-5　调幅相干解调原理图

(2) 包络检波解调

由 $S_{AM}(t)$ 的波形可见，AM 信号波形的包络与输入基带信号 $m(t)$ 成正比，故可以用包络检波的方法恢复原始调制信号。即在接收端解调信号时不需要本地载波，而是利用已调信号的包络信息来恢复原基带信号。

包络检波法属于非相干解调法，其特点是：解调效率高，解调器输出近似为相干解调的两倍；解调电路简单，特别是接收端不需要与发送端有同频同相位的载波信号，这就大大降低实现难度。故几乎所有的调幅式接收机都采用这种电路。

采用常规双边带幅度调制传输信息的好处是解调电路简单，可采用包络检波法；缺点是调制效率低，载波分量不携带信息，但却占据了大部分功率，白白浪费掉。如果抑制载波分量的传送，则可演变出另一种调制方式，即抑制载波的双边带调制（DSB-SC）。

6.2.2　双边带调制

在 AM 信号中，信息完全由边带传送，载波分量并不携带信息，但载波却占用了大量的功率，使系统功率利用率较低。如果将图 6-2 中的直流 A_0 去掉，即可得到一种高调制效率的调制方式——抑制载波双边带调制（DSB-SC），简称双边带调制（DSB）。其时域表示式为

$$S_{DSB}(t) = m(t)\cos\omega_c t \tag{6-9}$$

式中，假设 $m(t)$ 的平均值为 0，DSB 的频谱为

$$S_{DSB}(\omega) = \frac{1}{2}[m(\omega + \omega_c) + m(\omega - \omega_c)] \tag{6-10}$$

DSB 典型的波形和频谱如图 6-6 所示。

与 AM 信号比较，因为不存在载波分量，DSB 信号的调制效率是 100%，即全部功率都用于信息传输。但由于 DSB 信号的包络不再与调制信号的变化规律一致，因而不能采用简单的包络检波来恢复调制信号。在用 DSB 信号解调时需采用相干解调，与 AM 信号相干解调方法相同。

DSB 信号虽然节省了载波功率，但它所需的传输带宽仍是调制信号带宽的两倍，即与 AM 信号带宽相同，有 $B = 2f_m$。我们注意到，DSB 信号两个边带中的任意一个都包含了 $m(\omega)$ 的所有频谱成分，因此仅传输其中一个边带即可。这样既节省发送功率，又可节省一半传输频带，这种方式称为单边带调制。

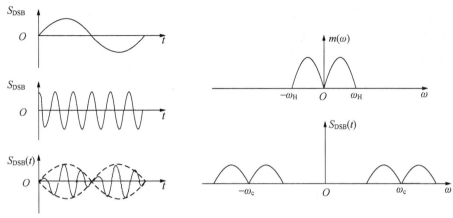

图 6-6　DSB 波形和频谱

抑制载波的双边带幅度调制的好处是，节省了载波发射功率，调制效率高；调制电路简单，仅用一个乘法器就可实现。抑制载波的双边带幅度调制的缺点是占用频带宽度比较宽，为基带信号的两倍。

6.2.3　单边带调制

由于 DSB 信号的上、下两个边带是完全对称的，皆携带了调制信号的全部信息，因此，从信息传输的角度来考虑，仅传输其中一个边带就够了。这就又演变出另一种新的调制方式——单边带调制（SSB），其中最基本的方法有滤波法和相移法。

1. 滤波法

产生 SSB 信号最直观的方法是先产生一个双边带信号，然后让其通过一个边带滤波器，滤除不需要的边带，即可得到单边带信号。这种方法称为滤波法，它是最简单也是最常用的方法，其原理框图如图 6-7 所示。

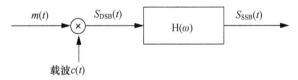

图 6-7　SSB 滤波法原理框图

在图 6-7 中，$H(\omega)$ 为单边带滤波器的传输函数，若它具有如下理想高通特性

$$H(\omega) = H_{DSB}(\omega) = \begin{cases} 1 & |\omega| > \omega_c \\ 0 & |\omega| \leqslant \omega_c \end{cases} \tag{6-11}$$

则可滤除下边带，保留上边带（USB）；若 $H(\omega)$ 具有如下理想低通特性

$$H(\omega) = H_{DSB}(\omega) = \begin{cases} 1 & |\omega| < \omega_c \\ 0 & |\omega| \geqslant \omega_c \end{cases} \tag{6-12}$$

则可滤除上边带，保留下边带（LSB）。因此，SSB 信号的频谱可表示为

$$S_{SSB}(\omega) = S_{DSB}(\omega) \cdot H(\omega) \tag{6-13}$$

图 6-8 给出了用滤波法形成 SSB 信号的频谱图。

滤波法的技术难点是边带滤波器的制作。因为实际滤波器都不具有如式（6-11）或式（6-12）所描述的理想特性，即在载频 ω_c 处不具有陡峭的截止特性，而是有一定的过渡带。过渡带越小，边带滤波器就越难实现。

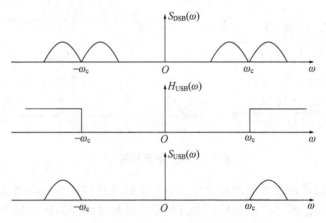

图 6-8　滤波法形成 SSB 信号的频谱图

2. 相移法

相移法是利用相移网络，对载波和调制信号进行适当的相移，以便在合成过程中将其中的一个边带抵消而获得 SSB 信号。相移法不需要滤波器具有陡峭的截止特性，不论载频有多高，均可一次实现 SSB 调制。相移法的技术难点是宽带相移网络的制作，该网络必须对调制信号 $m(t)$ 的所有频率分量均精确相移 $\pi/2$，但是实现这一点有很大困难。为了克服这个难题，可以用维弗法来实现单边带调制。

从 SSB 信号调制原理图中不难看出，SSB 信号的包络不再与调制信号 $m(t)$ 成正比，因此 SSB 信号的解调也不能采用简单的包络检波，而需要采用相干解调，如图 6-9 所示，这样可以恢复调制信号。

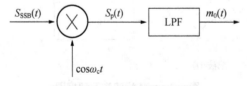

图 6-9　SSB 信号的相干解调

综上所述，单边带幅度调制的好处是，节省了载波发射功率，调制效率高；频带宽度只有双边带的一半，频带利用率提高一倍。单边带幅度调制的缺点是单边带滤波器实现难度大。

6.2.4　残留边带调制

残留边带（Vestigial Side-Band，VSB）调制是介于 SSB 与 DSB 之间的一种折中方式，它既克服了 DSB 信号占用频带宽的缺点，又解决了 SSB 信号实现中的困难。这种调制方式不像 SSB 那样完全抑制 DSB 信号的一个边带，而是逐渐过渡，使其残留一小部分，如图 6-10 所示。

在残留边带调制中，除了传送一个边带外，还保留了另外一个边带的一部分。对于具有低频及直流分量的调制信号，用滤波法实现单边带调制时所需的过渡带无限陡的理想滤波器，在残留边带调制中已不再需要，这就避免了实现上的困难。用滤波法实现残留边带调制的原理图如图 6-11 所示。

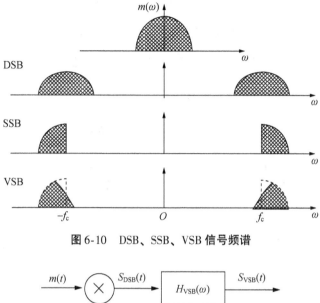

图 6-10 DSB、SSB、VSB 信号频谱

图 6-11 VSB 信号的滤波法产生

图 6-11 中的 $H_{VSB}(\omega)$ 为残留边带滤波器，其特性应按残留边带调制的要求来进行设计。稍后将会证明，为了保证相干解调时无失真地得到调制信号，残留边带滤波器的传输函数 $H_{VSB}(\omega)$ 必须满足

$$H(\omega + \omega_c) + H(\omega - \omega_c) = 常数 \qquad |\omega| \leqslant \omega_c \qquad (6\text{-}14)$$

式（6-14）的几何含义是，残留边带滤波器的传输函数 $H_{VSB}(\omega)$ 在载频 ω_c 附近必须具有互补对称性。图 6-12 所示的是满足该条件的典型实例：当残留部分为上边带时，滤波器的传递函数如图 6-12（a）所示；当残留部分为下边带时，滤波器的传递函数如图 6-12（b）所示。

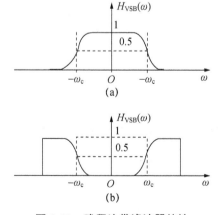

图 6-12 残留边带滤波器特性

由滤波法可知，VSB 信号的频谱为

$$S_{\text{VSB}}(\omega) = S_{\text{DSB}}(\omega) \cdot H_{\text{VSB}}(\omega)$$

$$= \frac{1}{2}\big[m(\omega - \omega_c) + m(\omega + \omega_c)\big]H_{\text{VSB}}(\omega) \tag{6-15}$$

残留边带信号显然也不能简单地采用包络检波，而必须采用图 6-13 所示的相干解调。

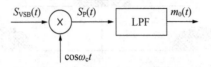

图 6-13　VSB 信号的相干解调

由于 VSB 基本性能接近 SSB，而 VSB 调制中的边带滤波器比 SSB 中的边带滤波器容易实现，因此 VSB 调制在广播电视、通信等系统中得到广泛应用。

6.3　线性调制系统的抗噪声性能

抗噪性能指标与分析方法

前面所有分析都是在没有噪声的条件下进行的。但是信道中的加性高斯白噪声是无处不在的，因此下面主要介绍一下各种线性调制系统的抗噪声性能。

由于加性噪声被认为只对信号的接收产生影响，故调制系统的抗噪声性能是利用解调器的抗噪声能力来衡量的。而抗噪声能力通常用"信噪比"来度量。所谓信噪比，就是指信号与噪声的平均功率之比。

1. 抗噪性能分析模型

接收端抗噪声性能的分析模型如图 6-14 所示，$S_{\text{m}}(t)$ 为已调信号，$n(t)$ 为信道加性高斯白噪声。带通滤波器的作用是滤除已调信号频带以外的噪声，因此，经过带通滤波器后到达解调器输入端的信号仍为 $S_{\text{m}}(t)$。当带通滤波器的带宽远小于其中心频率 ω_c 时，可视为窄带滤波器，故高斯白噪声通过带通滤波器后变为窄带噪声 $n_{\text{i}}(t)$。

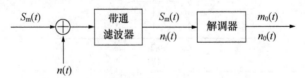

图 6-14　解调系统抗噪声性能分析模型

对于不同的调制系统，将有不同形式的信号 $S_{\text{m}}(t)$，输入信号的功率为 $S_{\text{i}} = \overline{S_{\text{m}}^2(t)}$，但解调器输入端的噪声 $n_{\text{i}}(t)$ 形式却相同。

$$n(t) = n_{\text{c}}(t)\cos\omega_c t - n_{\text{s}}(t)\sin\omega_c t \tag{6-16}$$

或者

$$n_i(t) = V(t)\cos[\omega_c t + \theta(t)] \tag{6-17}$$

由随机过程知识可知，窄带噪声 $n_i(t)$ 及其同相分量 $n_c(t)$ 和正交分量 $n_s(t)$ 的均值都为 0，且具有相同的方差，即

$$\overline{n_i^2(t)} = \overline{n_c^2(t)} = \overline{n_s^2(t)} = N_{ni} \tag{6-18}$$

在式（6-18）中，"‾" 表示统计平均（对随机信号）或时间平均（对确定信号）。用 N_{ni} 表示解调器输入噪声的平均功率。若白噪声的单边功率谱密度为 n_0，带通滤波器是高度为 1、带宽为 B 的理想矩形函数，则解调器的输入噪声功率为

$$N_{ni} = n_0 B \tag{6-19}$$

这里的带宽 B 应等于已调信号的频带宽度，保证已调信号无失真地进入解调器，同时最大限度地抑制噪声。解调器输出的有用信号为 $m_o(t)$，噪声为 $n_o(t)$。输出信号的功率为 $S_o = \overline{m_o^2(t)}$，输出噪声功率为 $N_{no} = \overline{n_o^2(t)}$。解调器输出信号平均功率 S_o 与输出噪声平均功率 N_o 之比可表示为

$$\frac{S_o}{N_o} = \frac{\overline{m_o^2(t)}}{\overline{n_o^2(t)}} \tag{6-20}$$

2. 抗噪性能指标

（1）输出信噪比

模拟通信系统的主要质量指标是解调器的输出信噪比。输出信噪比定义如下

$$\left(\frac{S}{N}\right)_o = \frac{\text{解调器输出有用信号的平均功率}}{\text{解调器输出噪声的平均功率}} = \frac{\overline{m_o^2(t)}}{\overline{n_o^2(t)}} \tag{6-21}$$

输出信噪比与调制方式和解调方式密切相关。因此在已调信号平均功率相同，而且信道噪声功率谱密度也相同的情况下，输出信噪比 $\left(\dfrac{S}{N}\right)_o$ 反映了解调器的抗噪声性能，显然 $\left(\dfrac{S}{N}\right)_o$ 越大越好。

（2）输入信噪比

有时候为了对比调制系统的优劣，还要考虑输入解调器的信噪比，输入信噪比的定义为

$$\left(\frac{S}{N}\right)_i = \frac{\text{解调器输入有用信号的平均功率}}{\text{解调器输入噪声的平均功率}} = \frac{\overline{m_i^2(t)}}{\overline{n_i^2(t)}} \tag{6-22}$$

（3）调制制度增益

为了便于比较同类调制系统采用不同解调器时的性能，还可用输出信噪比和输入信噪比的比值来表示，即

$$G = \frac{(S/N)_o}{(S/N)_i} \tag{6-23}$$

这个比值 G 称为调制制度增益或信噪比增益。在同一调制方式中，信噪比增益 G 越大，则解调器的抗噪声性能越好；同时，G 的大小也反映了这种调制系统的优劣。

通信系统都避免不了噪声的影响。本节主要研究在信道加性高斯白噪声的背景下，各种线性调制系统的抗噪声性能。

3. 各种调制系统的抗噪性能分析

(1) DSB 调制系统性能

由于 DSB 信号的解调器为同步解调器，即由相乘器和低通滤波器构成，故在解调过程中，输入信号及噪声可以分别单独解调。若解调器输入信号为 $S_m(t) = m(t)\cos\omega_c t$，则其平均功率为

$$S_i = \overline{S_m(t)} = \overline{[m(t)\cos\omega_c t]^2} = \frac{1}{2}\overline{m^2(t)} \qquad (6\text{-}24)$$

若同步解调器中相干载波为 $\cos\omega_c t$，则解调器输出端的信号可以写成

$$m_o(t) = 0.5\,m(t)$$

于是，输出端的有用信号功率为

$$S_o = \overline{m_o^2(t)} = \overline{\left[\frac{1}{2}m(t)\right]^2} = \frac{1}{4}\overline{m^2(t)} \qquad (6\text{-}25)$$

为了计算解调器输出端的噪声平均功率，可以先求出同步解调的相乘器的噪声，即

$$n_i(t)\cos\omega_c t = [n_0(t)\cos\omega_c t - n_s(t)\sin\omega_c t]\cos\omega_c t =$$
$$\frac{1}{2}n_c(t) + \frac{1}{2}[n_c(t)\cos2\omega_c t - n_s(t)\sin2\omega_c t] \qquad (6\text{-}26)$$

由于 $n_c(t)\cos2\omega_c t$ 及 $n_s(t)\sin2\omega_c t$ 分别表示 $n_c(t)$ 及 $n_s(t)$ 调制到 $2\omega_c$ 载频上的波形，它们将被调制器的低通滤波器所滤除，故解调器最终的输出噪声为 $n_o(t) = \frac{1}{2}n_c(t)$，因此输出噪声功率为

$$N_o = \overline{n_o^2(t)} = \frac{1}{4}\overline{n_c^2(t)} \qquad (6\text{-}27)$$

根据式 (6-18)，则有

$$N_o = \frac{1}{4}\overline{n_i^2(t)} = \frac{1}{4}N_i \qquad (6\text{-}28)$$

根据式 (6-19) 和式 (6-24) 可得解调器的输入信噪比为

$$\frac{S_i}{N_i} = \frac{\frac{1}{2}\overline{m^2(t)}}{n_0 B} \qquad (6\text{-}29)$$

又根据式 (6-25) 式 (6-28) 可得解调器的输出信噪比为

$$\frac{S_o}{N_o} = \frac{\frac{1}{4}\overline{m^2(t)}}{\frac{1}{4}N_i} = \frac{\overline{m^2(t)}}{n_0 B} \qquad (6\text{-}30)$$

又根据式 (6-29) 和式 (6-30) 习得 DSB 调制制度增益为

$$G_{DSB} = \frac{(S/N)_o}{(S/N)_i} = 2 \qquad (6\text{-}31)$$

由此可见，DSB 调制系统的制度增益为 2。也就是说，DSB 信号的解调器使信噪比改善 1 倍。这是因为采用相干解调，使输入噪声中的一个正交分量 $n_s(t)$ 被滤除的缘故。

(2) SSB 调制系统性能

单边带信号的解调方法与双边带信号相同，区别在于解调器之前的带通滤波器。在

SSB 调制时，带通滤波器只让一个边带信号通过；而在 DSB 调制时，带通滤波器必须让两个边带通过。因此前者的带通滤波器的带宽是后者的一半。

　　由于单边带信号的解调器与双边带信号的相同，故计算单边带信号解调器输入及输出信噪比的方法也相同。因此可以求得单边带解调器的输入信噪比为

$$\frac{S_i}{N_i} = \frac{\frac{1}{4}\overline{m^2(t)}}{n_0 B} = \frac{\overline{m^2(t)}}{4n_0 B} \tag{6-32}$$

输出的信噪比为

$$\frac{S_o}{N_o} = \frac{\frac{1}{16}\overline{m^2(t)}}{\frac{1}{4}n_0 B} = \frac{\overline{m^2(t)}}{4n_o B} \tag{6-33}$$

因而调制制度增益为

$$G_{SSB} = \frac{(S/N)_o}{(S/N)_i} = 1 \tag{6-34}$$

　　这是因为在 SSB 系统中，信号和噪声有相同的表示形式，所以在相干解调过程中，信号和噪声中的正交分量均被抑制掉，故信噪比没有改善。

　　比较式（6-31）与式（6-34）可知，$G_{DSB} = 2G_{SSB}$。这能否说明 DSB 系统的抗噪声性能比 SSB 系统好呢？回答是否定的。因为，两者的输入信号功率不同、带宽不同，在相同的噪声功率谱密度 n_0 条件下，输入噪声功率也不同，所以两者的输出信噪比是在不同条件下得到的。如果在相同的输入信号功率 S_i、相同的输入噪声功率谱密度 n_0、相同的基带信号带宽 f_m 条件下，对这两种调制方式进行比较，可以发现它们的输出信噪比相等。也就是说，两者的抗噪声性能相同。但 SSB 所需的传输带宽仅是 DSB 的一半，节省了带宽，因此 SSB 得到了广泛应用。

　　VSB 调制系统的抗噪声性能的分析方法与上面的相似。但是，由于采用的残留边带滤波器的频率特性形状不同，因此抗噪声性能的计算是比较复杂的。但是在边带的残留部分不是太大的时候，可以近似认为其抗噪声性能与 SSB 调制系统的抗噪声性能相同。

　　（3）AM 调制系统性能

　　AM 信号可以用同步检测和包络检波两种方法进行解调。采用不同的解调方法，解调器输出端将可能有不同的信号噪声功率比，因此，分析 AM 系统的性能应根据不同的解调方法来进行。实际上，AM 信号的解调器几乎都采用包络检波器，因此下面着重结合线性包络检波器给大家进行介绍。

　　① 大信噪比情况

　　通过计算可知，
$$G_{SSB} = \frac{(S/N)_o}{(S/N)_i} = \frac{2\overline{m^2(t)}}{A_0^2 + \overline{m^2(t)}} \tag{6-35}$$

　　在大信噪比情况下，AM 信号检波器的 G 随 A 的减小而增加。但对包络检波器来说，为了不发生过调制现象，A 不能减小到低于 $|m(t)|_{max}$。因此，对于 100% 调制（即 $A = |m(t)|_{max}$），且 $m(t)$ 又是正弦型信号，有

$$\overline{m^2(t)} = \frac{A^2}{2} \tag{6-36}$$

将式（6-36）带入式（6-35）可得 AM 的最大信噪比增益为

$$G_{AM} = \frac{2}{3} \qquad\qquad\qquad (6\text{-}37)$$

这也是包络检波器能够得到的最大信噪比的改善值。

对于 AM 调制系统，在大信噪比时，采用包络检波器解调时的性能与采用同步检测器时的性能几乎是一样的。

② 小信噪比情况

输出信噪比不是按比例随着输入信噪比下降，而是急剧恶化，通常把这种现象称为解调器的门限效应。开始出现门限效应的输入信噪比称为门限值。这种门限效应是由包络检波器的非线性解调作用所引起的。

用相干解调的方法解调各种线性调制信号时不存在门限效应。原因是信号与噪声可分别进行解调，解调器输出端总是单独存在有用信号项。

但当输入信噪比低于门限值时，采用包络检波对 AM 信号进行解调，将会出现门限效应，这时解调器的输出信噪比将急剧恶化，系统无法正常工作。

对于 AM 调制系统，在大信噪比时，采用包络检波器解调时的性能与同步检测器时的性能几乎一样，但相干解调的调制制度增益不受信号与噪声相对幅度假设条件的限制，不会产生门限效应。

6.4　非线性调制（角度调制）原理

正弦波有三个参量：幅度、频率和相位。不仅可以把调制信号的信息载荷于载波的幅度变化中，还可以载荷于载波的频率或相位变化中。在调制时，若载波的频率随调制信号变化，则称为频率调制或调频（Frequency Modulation，FM）；若载波的相位随调制信号而变化，则称为相位调制或调相（Phase Modulation，PM）。在这两种调制过程中，载波的幅度都保持恒定不变，而频率和相位的变化都表现为载波瞬时相位的变化，故把调频和调相统称为角度调制或调角。

角度调制与幅度调制不同的是，已调信号频谱不再是原调制信号频谱的线性搬移，而是频谱的非线性变换，会产生与频谱搬移不同的新的频率成分，故又称为非线性调制。

FM 广泛应用于高保真音乐广播、电视伴音信号的传输、卫星通信和蜂窝电话系统等。PM 除直接用于传输外，也常用作间接产生 FM 信号的过渡。调频与调相之间存在密切的关系。

与幅度调制技术相比，角度调制最突出的优势是其较高的抗噪声性能。然而获得这种优势的代价是角度调制比幅度调制信号占用更宽的带宽，即可靠性提高了，有效性下降了。

6.4.1　角度调制的基本概念

1. FM 和 PM 信号的一般表达式

角度调制信号的一般表达式为

$$S_{\mathrm{m}}(t) = A\cos\left[\omega_{\mathrm{c}}t + \varphi(t)\right] \tag{6-38}$$

式中，A 为载波的恒定振幅；$\left[\omega_{\mathrm{c}}t + \varphi(t)\right]$ 为信号的瞬时相位，记为 $\theta(t)$；$\varphi(t)$ 为相对于载波相位 $\omega_{\mathrm{c}}t$ 的瞬时相位偏移；$\mathrm{d}\left[\omega_{\mathrm{c}}t + \varphi(t)\right]/\mathrm{d}t$ 是信号的瞬时角频率，记为 $\omega(t)$；而 $\mathrm{d}\varphi(t)/\mathrm{d}t$ 称为相对于载频 ω_{c} 的瞬时频偏。

相位调制（PM）是指瞬时相位偏移随调制信号 $m(t)$ 作线性变化，即

$$\varphi(t) = K_{\mathrm{p}}m(t) \tag{6-39}$$

式中，K_{p} 为调相灵敏度（rad/V），含义是单位调制信号幅度引起 PM 信号的相位偏移量。将式（6-39）代入式（6-38），可得调相信号为

$$S_{\mathrm{PM}}(t) = A\cos\left[\omega_{\mathrm{c}}t + K_{\mathrm{p}}m(t)\right] \tag{6-40}$$

频率调制（FM）是指瞬时频率偏移随调制信号 $m(t)$ 成比例变化，调频信号为

$$S_{\mathrm{FM}}(t) = A\cos\left[\omega_0 t + \theta_0 + K_{\mathrm{F}}\int f(t)\,\mathrm{d}t\right] \tag{6-41}$$

由式（6-40）和式（6-41）可见，PM 与 FM 的区别仅在于，PM 是相位偏移，随调制信号 $m(t)$ 呈线性变化；FM 是相位偏移，随 $m(t)$ 的积分呈线性变化。如果预先不知道调制信号 $m(t)$ 的具体形式，则无法判断已调信号是调相信号还是调频信号。

2. FM 与 PM 之间的关系

由于频率和相位之间存在微分与积分的关系，所以 FM 与 PM 之间可以相互转换。比较式（6-40）和式（6-41）可以看出，如果将调制信号先微分，而后进行调频，则得到的是调相波，这种方式叫间接调相；同样，如果将调制信号先积分，而后进行调相，则得到的是调频波，这种方式叫间接调频。图 6-15 给出了 FM 与 PM 之间的关系。

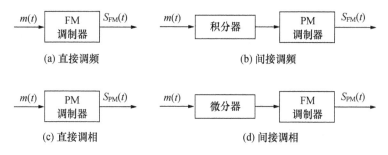

图 6-15　FM 与 PM 之间的关系

FM 与 PM 这种密切的关系使我们可以对两者作并行的分析，仅需要强调一下它们的区别即可。鉴于在实际中 FM 波用得较多，下面将主要讨论频率调制。频率调制又可以分为窄带调频和宽带调频两种情况。

6.4.2　窄带调频

根据调制后载波瞬时相位偏移的大小，可将频率调制分为宽带调频（WBFM）与窄带调频（NBFM）。宽带与窄带调制的区分并无严格的界限，但通常认为由调频所引起的最大瞬时相位偏移远小于 30° 时称为窄带调频；否则，称为宽带调频。

$$\left| K_{\mathrm{F}}\int_{-\infty}^{t} m(\tau)\,\mathrm{d}\tau \right|_{\max} \ll \frac{\pi}{6} \tag{6-42}$$

为方便起见，不妨假设正弦载波的振幅 $A = 1$，则由式（6-41）调频信号的一般表达式，得

$$S_{FM}(t) = \cos\left[\omega_0 t + K_F\int m(t)\,dt\right]$$

$$= \cos\omega_0 t\cos\left[K_F\int m(t)\,dt\right] - \sin\omega_0 t\sin\left[K_F\int m(t)\,dt\right] \tag{6-43}$$

当满足式（6-42）时，有近似式

$$\cos\left[K_F\int m(t)\,dt\right] \approx 1$$

$$\sin\left[K_F\int m(t)\,dt\right] \approx K_F\int m(t)\,dt$$

于是，式（6-43）可简化为

$$S_{NBFM}(t) \approx \cos\omega_0 t - \left[K_F\int m(t)\,dt\right]\sin\omega_0 t \tag{6-44}$$

利用傅里叶变换公式

$$m(t) \Leftrightarrow M(\omega)$$

$$\cos\omega_c t \Leftrightarrow \pi\left[\delta(\omega+\omega_c) + \delta(\omega-\omega_c)\right]$$

$$\sin\omega_c t \Leftrightarrow j\pi\left[\delta(\omega+\omega_c) - \delta(\omega-\omega_c)\right]$$

$$\int m(t)\,dt \Leftrightarrow \frac{M(\omega)}{j\omega} \qquad (\text{设 } m(t) \text{ 的均值为 } 0)$$

$$\left[\int m(t)\,dt\sin\omega_c t\right] \Leftrightarrow \frac{1}{2}\left[\frac{M(\omega+\omega_c)}{\omega+\omega_c} - \frac{M(\omega-\omega_c)}{\omega-\omega_c}\right]$$

可得 NBFM 信号的频域表达式为

$$S_{NBFM}(\omega) = \pi\left[\delta(\omega+\omega_c) + \delta(\omega-\omega_c)\right] - \frac{K_F}{2}\left[\frac{M(\omega+\omega_c)}{\omega+\omega_c} - \frac{M(\omega-\omega_c)}{\omega-\omega_c}\right] \tag{6-45}$$

将式（6-45）与 AM 信号的频谱

$$S_{AM}(\omega) = \pi A_0\left[\delta(\omega+\omega_c) + \delta(\omega-\omega_c)\right] + \frac{1}{2}\left[M(\omega+\omega_c) + M(\omega-\omega_c)\right]$$

进行比较，可以清楚地看出两种调制的相似性和不同之处。两者都含有一个载波和位于 $\pm\omega_c$ 处的两个边带，所以它们的带宽相同，即

$$B_{NBFM} = B_{AM} = 2B_m = 2f_H \tag{6-46}$$

式中，$B_m = f_H$ 为调制信号 $m(t)$ 的带宽，f_H 为调制信号的最高频率。不同的是，NBFM 的正、负频率分量分别乘了因式 $1/(\omega-\omega_c)$ 和 $1/(\omega+\omega_c)$，且负频率分量与正频率分量反相。正是上述差别，造成了 NBFM 与 AM 的本质差别。

下面讨论单频调制的特殊情况，设调制信号 $m(t) = A_m\cos\omega_m t$，则 NBFM 信号为

$$S_{NBFM}(t) \approx \cos\omega_c t - \left[K_F\int_{-\infty}^{t} m(\tau)\,d\tau\right]\sin\omega_c t$$

$$\approx \cos\omega_c t - A_m K_F\frac{1}{\omega_m}\sin\omega_m t\sin\omega_c t$$

$$\approx \cos\omega_c t + \frac{A_m K_F}{2\omega_m}\left[\cos(\omega_c+\omega_m)t - \cos(\omega_c-\omega_m)t\right]$$

AM 信号为

$$S_{AM}(t) = (1 + A_m \cos\omega_m t)\cos\omega_c t = \cos\omega_c t + A_m \cos\omega_m t\cos\omega_c t$$

$$= \cos\omega_c t + \frac{A_m}{2}\left[\cos(\omega_c + \omega_m)t + \cos(\omega_c - \omega_m)t\right]$$

它们的频谱如图 6-16 所示。

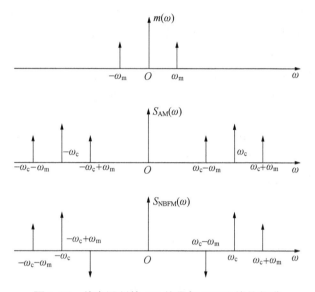

图 6-16　单音调制的 AM 信号与 NBFM 信号频谱

　　由于 NBFM 信号最大频率偏移较小，占据的带宽较窄，但是其抗干扰性能比 AM 系统要好得多，因此得到较广泛地应用。但是，对于高质量通信（调频立体声广播、电视伴音等）则需要采用宽带调频。

6.4.3　宽带调频

　　如果调制信号对载波进行频率调制时产生了很大的频偏，使已调信号在传输时占用较宽的频带，就变成了宽频调频。

1. 单频调制时调频信号表达式

　　设单音调制信号为 $m(t) = A_m \cos\omega_m t$，单音调制 FM 信号的时域表达式为 $S_{FM}(t) = A\cos[\omega_c t + m_f \sin\omega_m t]$ 展开得到 FM 信号的级数展开式

$$S_{FM}(t) = A \sum_{n=-\infty}^{\infty} J_n(\beta_{FM})\cos(\omega_0 + n\omega_m)t \tag{6-47}$$

对式（6-47）进行傅里叶变换，可得到宽带调频的频谱表达式

$$S_{FM}(\omega) = \pi A \sum_{n=-\infty}^{\infty} J_n(\beta_{FM})\left[\delta(\omega - \omega_0 - n\omega_m) + \delta(\omega + \omega_0 + n\omega_m)\right] \tag{6-48}$$

　　由式（6-47）和式（6-48）可见，调频信号的频谱由载波分量和无数边频组成。这些边频分量对称地分布在载频的两侧，两个频率之间的间隔为 ω_m。对称的边频分量幅度相等，但 n 为偶数时的上、下边频幅度的符号相同，而 n 为奇数时的上、下边频幅度的符号相反。

2. WBFM 信号带宽

调频信号的频谱包含无穷多个频率分量，由此理论上调频信号的频带宽度为无限宽。但是，实际上边频幅度 $J_n(m_f)$ 随着 n 的增大而逐渐减小，因此只要取适当的 n 值使边频分量小到可以忽略的程度，调频信号就可近似认为具有有限频谱。通常采用的原则是，信号的频带宽度应包括幅度大于未调载波的 10% 以上的边频分量，即 $|J_n(m_f)| \geqslant 0.1$。当 $m_f \geqslant 1$ 以后，取边频数 $n = m_f + 1$ 即可。因为 $n > m_f + 1$ 以上的边频幅度 $J_n(m_f)$ 均小于 0.1，这意味着大于未调载波幅度 10% 以上的边频分量均被保留。因为被保留的上、下边频数共有 $2n = 2(m_f + 1)$ 个，相邻边频之间的频率间隔为 f_m，所以调频波的有效带宽为

$$B_{FM} = 2(m_f + 1)f_m = 2(\Delta f + f_m) \tag{6-49}$$

式（6-49）就是广泛用于计算调频信号带宽的卡森（Carson）公式。

当 $m_f \ll 1$ 时，式（6-49）可近似为

$$B_{FM} \approx 2f_m \tag{6-50}$$

这就是窄带调频的带宽，与前面的分析一致。这时，带宽由第一对边频分量决定，带宽只随调制频率 f_m 变化，而与最大频偏 Δf 无关。

当 $m_f \gg 1$ 时，式（6-49）可近似为

$$B_{FM} \approx 2\Delta f \tag{6-51}$$

这时，带宽由最大频偏 Δf 决定，而与调制频率 f_m 无关，这是宽带调频的带宽。

以上讨论的是单音调频的频谱和带宽。当调制信号不是单一频率时，由于调频是一种非线性过程，其频谱分析更加复杂。根据分析和经验，对于多音或任意带限信号调制时的调频信号的带宽仍可用卡森公式来估算。

此时，f_m 是调制信号的最高频率，m_f 是最大频偏 Δf 与 f_m 的比值。

例如，调频广播中规定的最大频偏 Δf 为 75 kHz，最高调制频率 f_m 为 15 kHz，故调频指数 $m_f = 5$，由式（6-49）可计算出此 FM 信号的频带宽度为 180 kHz。

3. 调频信号功率

调频信号 $S_{FM}(t)$ 在 1 Ω 电阻上消耗的平均功率为

$$P_{FM} = \overline{S_{FM}^2(t)} \tag{6-52}$$

由式（6-47），并利用帕塞瓦尔定理可知

$$P_{FM} = \overline{S_{FM}^2(t)} = \frac{A^2}{2} \sum_{n=-\infty}^{\infty} J_n^2(m_f) \tag{6-53}$$

根据贝塞尔函数具有的性质

$$\sum_{n=-\infty}^{\infty} J_n^2(m_f) = 1 \tag{6-54}$$

因此有

$$P_{FM} = \frac{A^2}{2} = P_c \tag{6-55}$$

式（6-55）说明，调频信号的平均功率等于未调载波的平均功率，即调制后总的功率不变，只是将原来载波功率中的一部分分配给每个边频分量。因此，调制过程只是进行功

率的重新分配,分配的原则与调频指数 m_f 有关。

6.4.4 调频信号的产生与解调

1. 调频信号的产生

调频的方法主要有两种:直接调频法和间接调频法。

（1）直接调频法

调频就是用调制信号控制载波的频率变化。直接调频法就是用调制信号直接控制载波振荡器的频率,使其按调制信号的规律线性的变化。可以由外部电压控制振荡频率的振荡器叫做压控振荡器（VCO）,每个压控振荡器自身就是一个 FM 调制器,因为它的振荡频率正比于输入控制电压,即

$$\omega_i(t) = \omega_0 + K_f m(t)$$

若用调制信号作控制电压信号,就能产生 FM 波,如图 6-17 所示。

图 6-17 直接调频法

若被控制的振荡器是 LC 振荡器,则只需控制振荡回路的某个电抗元件（L 或 C）,使其参数随调制信号变化。目前常用的电抗元件是变容二极管。用变容二极管实现直接调频,由于电路简单、性能良好,已成为目前最广泛采用的调频电路之一。

在直接调频法中,振荡器与调制器合二为一。这种方法的主要优点是在实现线性调频的要求下,可以获得较大的频偏;主要缺点是频率稳定度不高。因此往往需要采用自动频率控制系统来稳定中心频率。

应用如图 6-18 所示的锁相环（PLL）调制器,可以获得高质量的 FM 或 PM 信号。这种方案的载频稳定度很高,可以达到晶体振荡器的频率稳定度。但是,锁相环调制器的一个显著缺点是低频调制特性较差,通常可用锁相环路构成一种所谓两点调制的宽带 FM 调制器来进行改善。

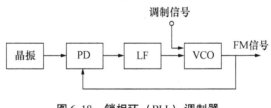

图 6-18 锁相环（PLL）调制器

其中,PD 为相位检测器;LF 为环路滤波器;VCO 为压控振荡器。

（2）间接调频法

间接调频法是先将调制信号积分,然后对载波进行调相,即可产生一个 NBFM 信号,再经过 n 次倍频器得到 WBFM 信号,这种产生 WBFM 的方法称为阿姆斯特朗（Armstrong）法或间接法。因此,采用图 6-19 所示的方框图可实现 NBFM。

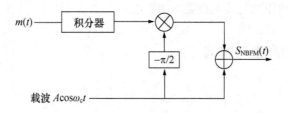

图6-19　NBFM信号的产生

以典型的调频广播的发射机为例。倍频前先以 $f_1 = 200\ \text{kHz}$ 为载频，用最高频率为 $f_m = 15\ \text{kHz}$ 的调制信号，产生偏频为 $\Delta f_1 = 25\ \text{Hz}$ 的 NBFM 信号。由于调频广播的最终频偏 $\Delta f = 75\ \text{kHz}$，载频 f_c 在 $88 \sim 108\ \text{MHz}$ 的频段内，所以需要经过 $n = \Delta f / \Delta f_1 = 75 \times 10^3 / 25 = 3\ 000$ 的倍频，以满足最终频偏 $\Delta f = 75\ \text{kHz}$ 的要求。但是，倍频器在提高相位偏移的同时，也使载波频率提高了。倍频后新的载波频率 nf_1 高达 $600\ \text{MHz}$，不符合 f_c 在 $88 \sim 108\ \text{MHz}$ 之间的要求，因此需用混频器进行下变频来解决这个问题。间接法的优点是频率稳定度好；缺点是需要多次倍频和混频，因此电路较复杂。

2. 调频信号的解调

调频信号的解调也分为相干解调和非相干解调。相干解调仅适用于 NBFM 信号，而非相干解调对 NBFM 信号和 WBFM 信号均适用。相干解调可以恢复原调制信号。这种解调方法与线性调制中的相干解调一样，要求本地载波与调制载波同步，否则将使解调信号失真。

6.5　调频系统的抗噪声性能

如前所述，调频信号的解调有相干解调和非相干解调两种。相干解调仅适用于窄带调频信号，且需同步信号，故应用范围受限；而非相干解调不需同步信号，且对于 NBFM 信号和 WBFM 信号均适用，因此是 FM 系统的主要解调方式。下面重点讨论 FM 非相干解调时的抗噪声性能，FM 非相干解调时的抗噪声性能分析方法也和线性调制系统的一样，先分别计算解调器的输入信噪比和输出信噪比，最后通过信噪比增益来反映系统的抗噪声性能。

6.5.1　大信噪比时的调制制度增益

在大信噪比情况下，频率调制系统的调制制度增益很高，即抗噪声性能好。在大信噪比时，有 $G_{FM} = 3m_f^2(m_f + 1)$。例如，调频广播中常取 $m_f = 5$，则 $G_{FM} = 450$。也就是说，加大调制指数 m_f，可使调频系统的抗噪声性能迅速改善。

为了更好地说明在大信噪比情况下，调频系统抗噪性能好的优点，我们把它与 AM 信号包络检波器的抗噪性能进行比较。结论是在大信噪比情况下，宽带调频输出信噪比相对于调幅的改善与它们带宽比的平方成正比。这就意味着，对于调频系统来说，增加传输带宽就可以改善抗噪声性能。调频方式的这种以带宽换取信噪比的特性是十分有益的。在调幅制中，由于信号带宽固定，故无法进行带宽与信噪比的互换，这也正是抗噪声性能方面调频系统优于调幅系统的重要原因。由此得到如下结论：在大信噪比情况下，调频系统的抗噪声性能将比调幅系统优越，且其优越程度将随传输带宽的增加而提高。但是，FM 系统以带宽换取输出信噪比改善并不是无止境的。随着传输带宽的增加（相当于 m_f 加大），输入噪声功率增大，在输入信号功率不变的条件下，输入信噪比下降；当输入信噪比降到一定程度时就会出现门限效应，输出信噪比将急剧恶化。

6.5.2 小信噪比时的门限效应

当 $(S/N)_i$ 低于一定数值时，解调器的输出信噪比 $(S/N)_o$ 就急剧恶化，这种现象称为调频信号解调的门限效应。出现门限效应时所对应的输入信噪比值称为门限值。

图 6-20 画出了单音调制时在不同调制指数 m_f 下，调频解调器的输出信噪比与输入信噪比的关系曲线。

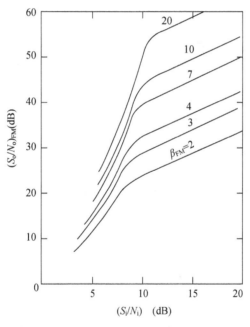

图 6-20　关系曲线

由图 6-20 可得出以下结论。

（1）门限值与调制指数 m_f 有关。m_f 越大，门限值越高。不过 m_f 不同时，门限值在 8～11 dB 的范围内变化，一般认为门限值为 10 dB 左右。

（2）在门限值以上时，$(S/N)_{FMo}$ 与 $(S/N)_{FMi}$ 呈线性关系，且 m_f 越大，输出信噪比的改善越明显。

（3）在门限值以下时，$(S/N)_{FMo}$ 将随 $(S/N)_{FMi}$ 的下降而急剧下降。且 m_f 越大，$(S/N)_{FMo}$ 下降越快。

门限效应是 FM 系统存在的一个实际问题，尤其在采用调频制的远距离通信和卫星通信等领域中，希望门限点向低输入信噪比方向扩展。

降低门限值（也称门限扩展）的方法有很多，例如，可以采用锁相环解调器和负反馈解调器，它们的门限比一般鉴频器的门限电平低 6～10 dB。另外，还可以采用预加重和去加重技术来进一步改善调频解调器的输出信噪比。实际上，这也相当于改善了门限值。

6.6　各种模拟调制系统的比较

下面从有效性、可靠性和实现难易程度几方面对各种调制系统进行比较。

1. 有效性方面

模拟调制系统的有效性可用带宽来衡量。SSB 的带宽最窄，其频带利用率最高，有效性最好；VSB 次之，DSB、AM 占用的带宽是 SSB 的两倍；FM 占用的带宽随调频指数 m_f 的增大而增大，其频带利用率最低，有效性最差。可以说，FM 是以牺牲有效性来换取可靠性的。

2. 可靠性方面

模拟调制系统的可靠性常用输出信噪比或调制制度增益来衡量。FM 系统的输出信噪比最大，可靠性最好；SSB、DSB 居中，AM 系统的输出信噪比最小，可靠性最差。

3. 实现难易程度

AM 系统可以用包络检波来解调，设备比较简单；DSB 和 FM 系统居中；SSB 和 VSB 由于滤波器实现困难，设备最复杂。

表 6-1 归纳了各种系统的传输带宽、调制制度增益 G、设备复杂程度和主要应用。总的来说，FM 的抗噪声性能最好，DSB、SSB、VSB 抗噪声性能次之，AM 抗噪声性能最差。

表 6-1　各种模拟调制系统的比较

调制方式	传输带宽	S_o/N_o	设备复杂程度	主要应用
AM	$2f_m$	$\left(\dfrac{S_o}{N_o}\right)_{AM} = \dfrac{1}{3}\left(\dfrac{S_i}{n_0 f_m}\right)$	简单	中短波无线电广播
DSB	$2f_m$	$\left(\dfrac{S_o}{N_o}\right)_{DSB} = \left(\dfrac{S_i}{n_0 f_m}\right)$	中等	应用较少
SSB	f_m	$\left(\dfrac{S_o}{N_o}\right)_{SSB} = \left(\dfrac{S_i}{n_0 f_m}\right)$	复杂	短波无线电广播、语音频分复用、载波通信、数据传输
VSB	略大于 f_m	近似 SSB	复杂	电视广播、数据传输
FM	$2(m_f+1)f_m$	$\left(\dfrac{S_o}{N_o}\right)_{FM} = \dfrac{3}{2}m_f^2\left(\dfrac{S_i}{n_0 f_m}\right)$	中等	超短波小功率电台（窄带 FM）；调频立体声广播等高质量通信（宽带 FM）

对表 6-1 列出的各种调制系统的特点与应用总结如下。

（1）AM 调制的优点是接收设备简单，缺点是功率利用率低，抗干扰能力差。AM 制式主要用在中波和短波调幅广播中。

（2）DSB 调制的优点是功率利用率高，且带宽与 AM 相同，但接收要求同步解调，设备较复杂。DSB 应用较少，一般只用于点对点的专用通信。

（3）SSB 调制的优点是功率利用率和频带利用率都较高，抗干扰能力和抗选择性衰落能力均优于 AM，而带宽只有 AM 的一半；缺点是发送和接收设备都比较复杂。鉴于这些特点，SSB 常用于频分多路复用系统中。

（4）VSB 的抗噪声性能和频带利用率与 SSB 相当。VSB 的诀窍在于部分抑制了发送边带，同时又利用平缓滚降滤波器补偿了被抑制部分，这对包含有低频和直流分量的基带信号特别适合，因此，VSB 在电视广播等系统中得到了广泛应用。

（5）FM 波的幅度恒定不变，这使它对非线性器件不甚敏感，从而给 FM 带来了抗快衰落能力。利用自动增益控制和带通限幅还可以消除快衰落造成的幅度变化效应。宽带 FM 的抗干扰能力强，可以实现带宽与信噪比的互换，因而宽带 FM 广泛应用于长距离高质量的通信系统中，如空间和卫星通信、调频立体声广播、超短波电台等。宽带 FM 的缺点是频带利用率低，存在门限效应，因此在接收信号弱，干扰大的情况下宜采用窄带 FM，这就是小型通信机常采用窄带调频的原因。

6.7　模拟调制系统应用实例

1. 载波电话系统

在一对传输线上同时传输多路模拟电话称为载波电话。多路载波电话采用单边带调制的频分复用方式，相应的复用设备称为载波机。在数字电话使用之前载波电话曾被大量应用于长途通信，是频分复用的一种典型应用。在载波电话系统中，每路电话信号限带于 $0.3 \sim 3.4\,\text{kHz}$，各路信号间留有保护间隔，因此每路取 $4\,\text{kHz}$ 作为标准频带。单边带调制后其带宽与调制信号相同。为了大容量载波电话在传输中合路和分路的方便，载波电话有一套标准的等级，如表 6-2 所示。

表 6-2　多路载波电话标准分群等级

分群等级	容量（路数）	带宽	基本频带/kHz
基群	12	48 kHz	$60 \sim 108$
超群	$60 = 5 \times 12$	240 kHz	$312 \sim 552$
基本主群	$300 = 5 \times 60$	1 200 kHz	$812 \sim 2\,044$
基本超主群	$900 = 3 \times 300$	3 600 kHz	$8\,516 \sim 12\,388$
12 MHz 系统	$2\,700 = 3 \times 900$	10.8 MHz	
60 MHz 系统	$10\,800 = 12 \times 900$	43.2 MHz	

各种等级群路信号的形成过程可由频谱图说明。用一个直角三角形表示 $0 \sim 4\,\text{kHz}$ 的一路电话基带信号，三角形的垂直边代表高频端，另一端代表低频端。经过一次调制以后若取上边带，则已调信号的频谱与调制信号的频谱在形状上是一致的；但若取下边带，则形

状是对称的,即频谱形状倒置。

对 3 路语音基带信号进行上边带调制形成一个前群,对 4 个前群进行下边带调制形成一个基群。一个基群的频谱是由 4 个前群合成的,其频谱搬移过程如图 6-21 所示。

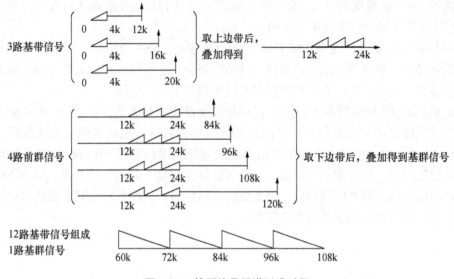

图 6-21   基群信号频谱形成过程

同理可画出超群、基本主群和基本超主群的频谱。表 6-2 中所列的基本频带指的是单边带调制后群路信号的频率范围,并不是在实际信道中传输的频带。在送入信道前常常还要进行一次频率搬移,以适合于信道的传输特性。

2. 调幅广播

模拟幅度调制是无线电最早期的远距离传输技术。在幅度调制中,以声音信号控制高频率正弦信号的幅度,并将幅度变化的高频率正弦信号放大后通过天线发射出去,成为电磁波辐射。电磁波的频率 f(Hz)、波长 λ(m)和传播速度 C(m/s)之间的关系是 $\lambda = \frac{C}{f}$。自由空间中电磁波的传播速度为 $C = 3 \times 10^8 \text{m/s}$。显然,电磁波的频率和波长呈反比关系。波动的电信号要能够有效地从天线发送出去,或者有效地从天线将信号接收回来,需要天线的等效长度至少达到波长的 1/4。声音转换为电信号后其波长约在 15~15 000 km 之间,在实际中不可能制造出这样长度和范围的天线进行有效信号收发。因此需要将声音这样的低频信号从低频段搬移到高频段上去,以便通过较短的天线发射出去。例如,移动通信所使用的 900 MHz 频率段的电磁波信号波长约为 0.33 m,其收发天线的尺寸应为长波的 1/4,即约 8 cm 左右。而调幅广播中波频率范围为 550~1 605 kHz,短波约为 3~30 MHz,其波长范围在几十米到几百米之间,天线相应也要长一些。调幅广播采用的是常规调幅方式,使用的波段分为中波和短波两种。

3. 地面广播电视

电视塔发射的电视节目称地面广播电视。电视信号是由不同种类的信号组合而成的,这些信号的特点不同,所以采用了不同的调制方式。图像信号是在 0~6 MHz 之间取值的宽带视频信号，因为难以采用单边带调制，为了节省已调信号的带宽，所以采用残留边带调制，并插入很强的载波。接收端可用包络检波的方法恢复图像信号，因而使接收机得到简化。伴音信号则采用宽带调频方式，不仅保证了伴音信号的音质，而且对图像信号的干扰也很小。

本章小结

本章介绍模拟调制系统，包括线性调制和非线性调制两大类。线性调制是指高频载波的振幅按照基带信号振幅瞬时值的变化规律而变化的调制方式，线性调制包括幅度调制（AM）、双边带调制（DSB）、单边带调制（SSB）和残留边带调制（VSB）四种，它们共同的特点都是调制信号控制了载波的幅度，频谱中没有产生新的频率成分。非线性调制是指高频载波的频率或相位按照基带信号的规律而变化的一种调制方式，已调信号的频谱不再保持原来基带信号的频谱结构。非线性调制包括调频（FM）和调相（PM）两种。

与调制相对应，在接收端需要对接收到的信号进行解调恢复。解调包括相干解调和非相干解调两种。相干解调也叫同步检波，它适用于所有线性调制信号的解调，性能较好。非相干解调也称包络检波，它是直接从已调信号波形的幅度中恢复原来的调制信号，它不需要相干载波，容易实现。

与幅度调制技术相比，角度调制的抗噪声性能要好得多，但是它是靠牺牲带宽来获得可靠性的改善。

在频带利用率方面，SSB 的带宽最小，有效性最好；VSB 次之，角度调制的最差。

AM 与 FM 在非相干解调时存在门限效应，当输入信噪比低于门限值时，解调器的输出信噪比将急剧恶化。因此，它们要工作在门限值以上。门限效应产生的条件是小信噪比与非相干解调。

加重技术在 FM 系统及录音和放音设备中得到了实际应用，目的是提高调制频率高频端的输出信噪比。

频分复用是模拟通信常用的方法，典型应用有电力线载波、调频和调幅广播等。

课后习题

一、选择题

1. 设基带信号频谱如图 6-22 所示，以下模拟调制后的频谱中抑制载波的双边带调幅是（　　　）。

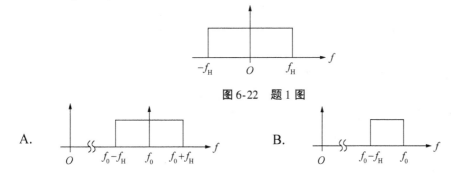

图 6-22　题 1 图

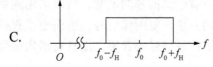　　　　　　　　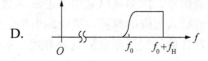

2. 设基带信号频谱如图 6-23 所示，以下模拟调制后的频谱中属于单边带调幅的是（　　）。

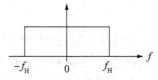

图 6-23　题 2 图

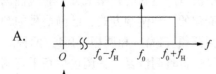　　　　　　　　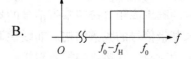

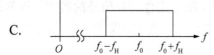　　　　　　　　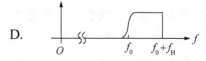

3. 设已调制信号的波形如图 6-24 所示，其中属于双边带调幅波形的为（　　）。

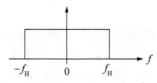

图 6-24　题 3 图

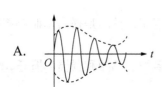　　　　　　　　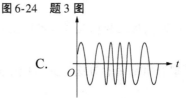

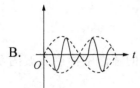　　　　　　　　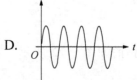

4. 在模拟调幅中，DSB、SSB、VSB 的已调信号所占用的带宽大小关系为（　　）。
　　A. DSB > SSB > VSB　　　　　　　　B. DSB > VSB > SSB
　　C. SSB > DSB > VSB　　　　　　　　D. VSB > SSB > DSB

5. 以下不属于线性调制的调制方式是（　　）。
　　A. AM　　　　　B. DSB　　　　　C. SSB　　　　　　D. FM

6. 各模拟线性调制中，已调信号占用频带最小的调制是（　　）。
　　A. AM　　　　　B. DSB　　　　　C. SSB　　　　　　D. VSB

二、填空题

1. 在模拟通信系统中注重强调变换的＿＿＿＿＿＿＿。

2. 根据对控制载波的参数不同，调制可以分为＿＿＿＿、＿＿＿＿、＿＿＿＿三种基本方式。

3. 在调制技术中通常又将幅度调制称为＿＿＿＿＿＿，而将频率调制和相位调制称为＿＿＿＿＿＿。

4. DSB、SSB、VSB 三种调制方式，其已调信号所占用带宽大小的关系为＿＿＿＿ > ＿＿＿＿ > ＿＿＿＿。

5. 常规双边带调幅可以采用＿＿＿＿或者＿＿＿方法解调。

6. 在 AM、DSB、SSB、FM 中，＿＿＿＿的有效性最好，＿＿＿＿的可靠性最好，＿＿＿＿的有效性与 DSB 相同。

7. 在模拟调制中，通常 FM 与 AM 相比，FM 对传输的信噪比要求比 AM 对传输的信噪比要求要＿＿＿＿；FM 占用的频带宽度比 AM 占用的频带宽度要＿＿＿＿。

8. 调制制度增益 G 越大表示＿＿＿＿性能越好，通常 FM 的调制制度增益 G 要＿＿＿＿ AM 的调制制度增益 G。

9. 通常将输入信噪比下降到某值时，若继续下降，则输出信噪比将急剧恶化的现象称为＿＿＿＿。

三、简答题

1. 什么是调制？调制在通信系统中的作用是什么？
2. 什么是线性调制？常见的线性调制有哪些？
3. AM 调制的波形和频谱与 DSB 相比较有什么特点？
4. SSB 信号的产生方法有哪些？各有什么技术难点？
5. VSB 滤波器的传输特性应满足什么条件？
6. DSB 和 SSB 调制系统的抗噪性能哪个好？为什么？
7. 什么是门限效应？门限效应产生的条件是什么？
8. 简述频率调制和相位调制的关系。
9. 比较调幅系统和调频系统的抗噪性能。
10. 为什么调频系统可以进行带宽和信噪比的互换而调幅却不能？

 通信故事

贾里尼克的故事和现代语言处理

弗莱德里克·贾里尼克（Frederek Jelinek）出生于捷克一个富有的犹太家庭。他的父母原本打算送他去英国的公学（私立学校）读书，为了教他德语，还专门请来一位德国的家庭女教师，但是第二次世界大战完全打碎了他们的梦想。他们先是被从家中赶了出去，流浪到布拉格。他的父亲死在了集中营，贾里尼克自己成天在街上玩耍，完全荒废了学业。1949 年，贾里尼克的母亲带领全家移民美国。在美国，贾里尼克一家生活非常贫困，

全家基本是靠母亲做点心卖钱为生，贾里尼克十四五岁就进工厂打工补贴全家。

　　贾里尼克最初想成为一名律师，为他父亲那样的冤屈者辩护，但他很快意识到他那浓厚的外国口音将给他在法庭上的辩护带来很大不便。贾里尼克的第二个理想是成为医生，他想进哈佛大学医学院，但经济上他无法承担医学院 8 年高昂的学费。与此同时，麻省理工学院给予了他一份（为东欧移民设的）全额奖学金。贾里尼克决定到麻省理工学电机工程。在那里，他遇到了信息论的鼻祖香农博士、语言学大师贾格布森（他提出了著名的通信六功能）和语言学家乔姆斯基。这三位大师对贾里尼克今后的研究方向——利用信息论解决语言问题产生的重要影响。

　　贾里尼克从麻省理工获得博士学位后，在哈佛大学教了一年书，然后到康乃尔大学任教。贾里尼克在康乃尔十年磨一剑，潜心研究信息论，终于悟出了自然语言处理的真谛。1972，贾里尼克到 IBM 华生实验室做学术休假，无意中领导了语音识别实验室。在那里，贾里尼克组建了阵容空前绝后强大的研究队伍，其中包括他的著名搭档波尔、著名的语音识别 Dragon 公司的创始人贝克夫妇、解决最大熵迭代算法的达拉皮垂孪生兄弟、BCJR 算法的另外两个共同提出者库克和拉维夫以及第一个提出机器翻译统计模型的布朗。

　　20 世纪 70 年代的 IBM 有点像 90 年代的微软和今天的 Google，给予杰出科学家做任何有兴趣研究的自由。在那种宽松的环境里，贾里尼克等人提出了统计语音识别的框架结构。在贾里尼克之前，科学家们把语音识别问题当做人工智能问题和模式匹配问题。而贾里尼克把它当成通信问题，并用两个隐含马尔可夫模型（声学模型和语言模型）把语音识别概括得清清楚楚。这个框架结构对如今的语音和语言处理有着深远的影响，它从根本上使得语音识别有实用的可能性。后来贾里尼克也因此当选美国工程院院士。

　　贾里尼克和波尔，库克以及拉维夫对人类的另一大贡献是 BCJR 算法，这是今天数字通信中应用最广的两个算法之一（另一个是维特比算法）。有趣的是，这个算法发明了 20 年后，才得以广泛应用。

　　贾里尼克和 IBM 一批最杰出的科学家在 20 世纪 90 年代初离开了 IBM，他们大多数在华尔街取得了巨大的成功。贾里尼克的书生气很浓，于是他去约翰霍普金斯大学建立了世界著名的 CLSP 实验室。每年夏天，贾里尼克邀请世界上 20～30 名顶级的科学家和学生到 CLSP 一起工作，使得 CLSP 成为世界上语音和语言处理的中心之一。

第7章 数字信号的频带传输

**本章简介**

由于实际通信中大多数信道无法直接传送基带信号，故要将基带信号经调制变换成频带信号，以使调制后的频带信号适合于信道传输。本章以二元调制系统为基础，掌握数字调制解调模型及信号特征；理解噪声性能分析方法，掌握基于信噪比的误比特率公式与比较分析。

7.1 二进制数字调制与解调原理

通过模拟调制的讨论，我们知道，以调制信号去正比例控制正弦载波 3 个参量之一，可以产生载荷信息的已调波，并分为线性调制（幅度调制）和角度调制（调频与调相）。现将模拟调制信号改换为数字信号，仍去控制正弦载波，就可以得到相应的数字调幅。本章以二元数字信号作为调制信号的基本调制方式，分别分析和计算二元幅移键控 2（Amplitude Shift Keying，ASK）、二元频移键控 2（Frequency Shift Keying，FSK）和二元相移键控 2（Phase Shift Keying，PSK）在不同解调方式下的抗噪声性能。

7.1.1 二元幅移键控

用数字基带信号对正弦载波的幅度进行控制的方式称为幅移键控，记为 2ASK。

调制信号是具有一定波形形状的二进制数字基带序列，即

$$s(t) = \sum_n a_n g(t - nT_s) \tag{7-1}$$

其中：$a_n = \begin{cases} 0 & \text{概率为 } p \\ 1 & \text{概率为 } (1-p) \end{cases}$；$g(t)$ 为传输波形；T_s 为持续时间。

载波信号为 $\cos\omega_c t$。

已调 2ASK 信号为

$$e_0(t) = s(t)\cos\omega_c t = \left[\sum_n a_n g(t - nT_s)\right]\cos\omega_c t \tag{7-2}$$

若只考虑在一个码元的持续时间内

$$s_{2\text{ASK}}(t) = \begin{cases} A\cos\omega_c t & 1 \\ 0 & 0 \end{cases} \tag{7-3}$$

则与输入序列 01001 相对应的输出波形如图 7-1 所示。

幅移键控控制器是一个相乘器，可以用一个开关电路来实现，图 7-2 为幅移键控的两种产生方法。

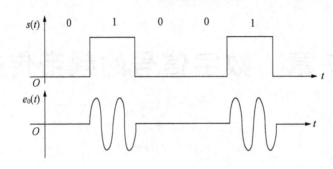

图 7-1   2 ASK 输出波形

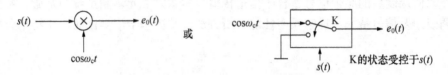

图 7-2   2 ASK 信号的产生

2ASK 解调方法与 AM 信号的解调一样，可以用非相干解调（包络检波法）和相干解调（同步检测法）两种方法来实现。与模拟调制的解调方法不同的是，2ASK 增加了抽样判决器，并要求有定时脉冲信号。判决方法是：与设定电平门限比较。

设 2ASK 信号： $e_0(t) = \left[\sum_n a_n g(t - nT_s) \right] \cos\omega_c = s(t)\cos\omega_c t$

由于 $e_0(t)$ 在时间上是无限延伸的，因此其为功率型信号。又因为 $s(t)$ 为随机信号，故 $e_0(t)$ 为随机的功率型信号。$e_0(t)$ 的功率谱密度表达式为

$$P_E(f) = \frac{1}{4}P_s(f - f_c) + P_s(f + f_c) \tag{7-4}$$

由于 $P_s(f + f_c) P_s(f - f_c) \equiv 0$，由此可知，只要求出 $s(t)$ 信号的功率密度 $P_s(f)$，就可得到 $P_E(f)$。

由随机序列 $s(t) = \sum_{n=-\infty}^{\infty} a_n g(t - nT_s)$ 的频谱分析结果可知，$s(t)$ 的双边功率密度为

$$P_s(f) = f_s p(1-p)\,|G_1(f) - G_2(f)|^2 + \sum_{m=-\infty}^{\infty} |f_s[pG_1(mf_s) + (1-p)G_2(mf_s)]|^2 \delta(f - mf_s) \tag{7-5}$$

若令 $p = 1/2$，则

$$P_s(f) = \frac{1}{4}f_s\,|G_1(f) - G_2(f)|^2 + \frac{1}{4}\sum_{m=-\infty}^{\infty} |f_s[G_1(mf_s) + G_2(mf_s)]|^2 \delta(f - mf_s) \tag{7-6}$$

因此只要知道不同传输波形 $g_i(t)$ 的频谱 $G_i(f)$，就可求得 $P_s(f)$。此处 $g_1(t) = 0$。

$$g_2(t) = g(t) = rect(t/T_s) = \begin{cases} 1 & |t| \le \dfrac{T_s}{2} \\ 0 & |t| \ge \dfrac{T_s}{2} \end{cases} \Leftrightarrow G(f) = T_s \cdot \frac{\sin(\pi f T_s)}{\pi f T_s} \tag{7-7}$$

$$G(mf_s) = G(f)\,|_{f = mf_s} = \frac{1}{\pi mf_s} \cdot \sin(\pi mf_s T_s)$$

$$= \frac{1}{\pi mf_s}\sin(\pi m) = \begin{cases} 0 & m \ne 0 \\ T_s & m = 0 \end{cases} \tag{7-8}$$

故 $P_{s}(f)=\dfrac{1}{4}f_{s}\,|\,G(f)\,|^{2}+\dfrac{1}{4}\delta(f)$。将 $P_{s}(f)$ 代入 P_{E}，得

$$P_{E}=\dfrac{1}{16}f_{s}[\,|\,G(f-f_{c})\,|^{2}+|\,G(f+f_{c})\,|^{2}\,]+\dfrac{1}{16}[\delta(f-f_{c})+\delta(f+f_{c})\,]$$

$$=\dfrac{T_{s}}{16}\left[\,\left|\dfrac{\sin\pi(f-f_{c})T_{s}}{\pi(f-f_{c})T_{s}}\right|^{2}+\left|\dfrac{\sin\pi(f+f_{c})T_{s}}{\pi(f+f_{c})T_{s}}\right|^{2}\,\right]+\dfrac{1}{16}[\delta(f-f_{c})+\delta(f+f_{c})\,] \tag{7-9}$$

2ASK 对应的功率谱密度如图 7-3 所示。

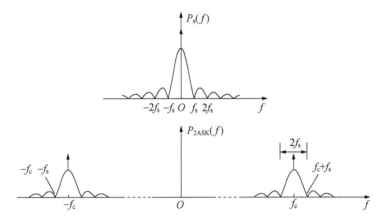

图 7-3　2ASK 功率谱密度

由图 7-3 可知功率谱密度特征如下。

（1）2ASK 功率谱密度由连续谱和离散谱构成，它们分别由基带信号和载波信号构成。

（2）2ASK 功率谱带宽 = 2 倍的基带信号带宽，$B_{2ASK}=2B_{基}=2f_{s}=2R_{B}$。

7.1.2　二元频移键控

用数字基带信号对正弦载波的频率进行控制的方式称为幅移键控，记为 2FSK。

2FSK 调制方法分为模拟调制法和移频键控法，如图 7-4 所示。

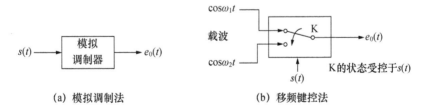

（a）模拟调制法　　　　　　（b）移频键控法

图 7-4　2FSK 调制方法

2FSK 信号的时域表达式为：

$$e_{0}(t)=\sum_{n}a_{n}g(t-nT_{s})\cos(\omega_{1}t+\varphi_{n})+\sum_{n}\overline{a}_{n}g(t-nT_{s})\cos(\omega_{2}t+\theta_{n}) \tag{7-10}$$

其中，$a_{n}=\begin{cases}0 & P(0)=p\\1 & P(1)=1-p\end{cases}$，$\varphi_{n}$ 与 θ_{n} 分别表示第 n 个信号码元的初相位。

2FSK 信号可等效于两个 2ASK 信号之和，则对应输入序列 1001 的已调波形如图 7-5 所示。

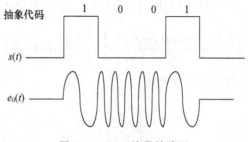

图 7-5 2FSK 信号的波形

2FSK 的解调方法借用了 2ASK 信号的解调电路，也有非相干解调和相干解调两种方式，如图 7-6 所示。

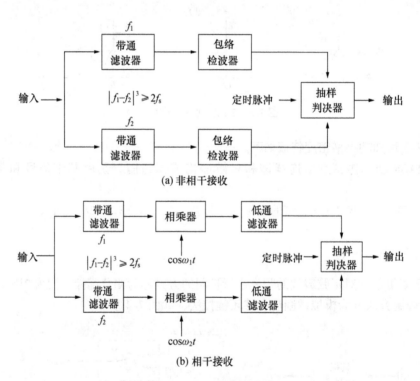

图 7-6 2FSK 的解调方法

除了上述两种，还有过零检测法和差分检波法，过零检测法原理是：利用不同频率的正弦波在一个码元间隔内过零点数目的不同，来检测已调波中频率的变换。原理图如图 7-7 所示。

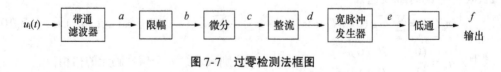

图 7-7 过零检测法框图

由于调频是非线性调制，故 2FSK 信号的频谱分析较困难，但一般情况下可以用近似法分析。对相位离散的 2FSK 信号可视为两个 2ASK 信号的叠加，分析过程如下。

设二进制码流（抽象码）为 $\{a_n\}$

$$a_n = \begin{cases} 0 & P(0) = p \\ 1 & P(1) = 1-p \end{cases}$$

则

$$\bar{a}_n = \begin{cases} 1 & P(1) = p \\ 0 & P(0) = 1-p \end{cases} \tag{7-11}$$

且设

$$\begin{cases} s_1(t) = \sum_n a_n g(t - nT_s) \\ s_2(t) = \sum_n \bar{a}_n g(t - nT_s) \end{cases}$$

则

$$e_0(t) = s_1(t)\cos\omega_1 t + s_2(t)\cos\omega_2 t \tag{7-12}$$

由 2ASK 的谱分析可知，2FSK 的功率谱为：

$$P_E = \frac{1}{4}[P_{s1}(f-f_1) + P_{s1}(f+f_1)] + \frac{1}{4}[P_{s2}(f-f_2) + P_{s2}(f+f_2)] \tag{7-13}$$

由于 $P_{s1}(f) = f_s p(1-p)|G(f)|^2 + f_s^2(1-p)^2|G(0)|^2\delta(f)$，同时将 P_{s1} 中 p 与 $(1-p)$ 互换即可求得 P_{s2}。

（1）若 $g(t)$ 使用单极性方波，则

$$|G(f)| = T_s\left|\frac{\sin\pi f T_s}{\pi f T_s}\right|, G(0) = T_s \tag{7-14}$$

（2）当 $p = 1/2$ 时，2FSK 的功率谱为：

$$P_{EI}(f) = \frac{T_s}{16}\left[\left|\frac{\sin\pi(f+f_1)T_s}{\pi(f+f_1)T_s}\right|^2 + \left|\frac{\sin\pi(f-f_1)T_s}{\pi(f-f_1)T_s}\right|^2 + \left|\frac{\sin\pi(f+f_2)T_s}{\pi(f+f_2)T_s}\right|^2 + \left|\frac{\sin\pi(f-f_2)T_s}{\pi(f-f_2)T_s}\right|^2\right]$$

$$+ \frac{1}{16}[\delta(f+f_1) + \delta(f-f_1) + \delta(f+f_2) + \delta(f-f_2)] \tag{7-15}$$

图 7-8 为相位不连续的 2FSK 信号的功率谱示意图。图中两个连续谱的峰—峰距离由两个载频之差决定，若差值小于 f_s，则出现单峰（如波形 b）。当波形 a 为差值等于 $2f_s$ 时，此时的两个载频 f_1、f_2 分别为 $f_c + f_s$ 和 $f_c - f_s$。

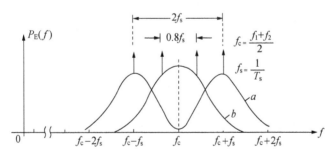

图 7-8　相位不连续的 2FSK 信号的功率谱

由图 7-8 可以分析出 2FSK 功率谱的特性如下。

（1）和 2ASK 一样有连续谱和离散谱。连续谱由两个双边谱叠加而成，离散谱由两个载波频率形成。

（2）当 $|f_2 - f_1| < f_s$ 时，连续谱出现单峰。图 7-8 中 $|f_2 - f_1| = 0.8f_s$

当 $|f_2 - f_1| > f_s$ 且逐渐增大后，连续谱出现双峰。

当 $|f_2 - f_1| \geqslant 2f_s$ 时，两个信号功率谱才不重叠。

（3）传输 2FSK 信号所需的频带约为 $\Delta f = |f_2 - f_1| + 2f_s$。$f_s = 1/T_s =$ 基带信号。

7.1.3　二元相移键控

相移键控是用载波的相位变化来传递信息，它有两种工作方式：绝对相移键控（2PSK）和相对相移键控（2DPSK）。

1. 绝对相移键控（2PSK）

在 2PSK 中，以载波的固定相位为参考，通常用与载波相同的 0 相位表示"1"码；π相位表示"0"码。

$$e_0(t) = \left[\sum_n a_n g(t - nT_s) \right] \cos\omega_c t \tag{7-16}$$

其中，$a_n = \begin{cases} +1 & \text{概率为 } p \text{ 发送"0"码} \\ -1 & \text{概率为 } 1-p \text{ 发送"1"码} \end{cases}$　$g(t) = \begin{cases} 1 & 0 \leqslant t \leqslant T_s \\ 0 & \text{其他} \end{cases}$

在某一码元持续时间 T_s 内观察时，$e_0(t)$ 将为：

$$e_0(t) = \begin{cases} \cos\omega_c t & \text{概率 } p & \to \text{载波初相位取 0 相位} \\ -\cos\omega_c t & \text{概率 } 1-p & \to \text{载波初相位取 π 相位} \end{cases} \tag{7-17}$$

即两者对应不同的二进制符号，载波初相位固定于某一特定相位值。

上述方式以"0"相位作参考基准。这种利用载波相位对某一固定参考相位（起始相位）变化传递数字信息的相位键控方式，称为绝对移相方式。

2PSK 的调制方法是：若设载波初相位 φ_0 为固定参考相位的，则"0"码对应的载波相位为 $\varphi_0 + 0°$；"1"码对应的载波相位为 $\varphi_0 + 180°$。

由于绝对调相是以某一固定参考相位 φ_0 作为基准的，因而在解调时必须要有正确 φ_0 信息。若在传输过程中参考基准相位 φ_0 随机跳变，又未被发觉的话，则将造成解码的错误，严重时将发生"倒 π"现象。即恢复的数字信息会发生"0"变为"1"或"1"变为"0"的现象，从而造成错误的恢复。

这种利用前后两相邻码元的载波相位的相位变化量来传递信息称为相对移相方式。

2DPSK 调制的方法是：参考相位为前一码元的初相位。若发"0"码，则载波相位相对前一码元相位变化 0°；若发"1"码，则载波相位相对前一码元相位变化 180°。

相对调相的优点是：前一码元的相位错误，只影响后一码元的译码错误。

若 1 个码元内只画 1 个载波周期（设载波初相位为 0），则对应于输入序列 1011001 的已调波形如图 7-9 所示。

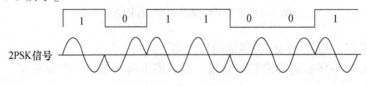

图 7-9　2PSK 波形

PSK 与 DPSK 两者的调制方法如图 7-10 所示。可得以下结论：

（1）对已调信号必须知道调制方式，才能正确解调及译码。

（2）对相对调制信号解调后必须进行反变换，才能得到绝对码。

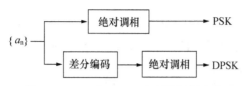

图 7-10　PSK 与 DPSK 二者的调制方法

2PSK 信号的解调方法是相干解调。由于 PSK 信号本身就是利用相位传递信息的，所以在接收端必须利用信号的相位信息来解调信号。2PSK 解调框如图 7-11 所示。

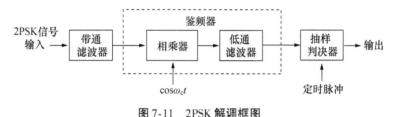

图 7-11　2PSK 解调框图

2. 相对相移键控（2DPSK）

2DPSK 信号的解调主要有两种方法，即相位比较法和极性比较法。2DPSK 极性比较法解调框图如图 7-12 所示，需要加反变换器；而图 7-13 所示的 2DPSK 相位比较法解调，无须加反变换器。

图 7-12　2DPSK 极性比较法解调

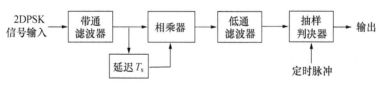

图 7-13　2DPSK 相位比较法解调

现在对图 7-13 所示的解调过程进行分析，设输入 2DPSK 信号：

$$e_0(t) = m(t)\cos\omega_c t \tag{7-18}$$

其中：
$$m(t) = \sum_n a_n g(t - nT_s),\ a_n = \begin{cases} +1 & \text{概率 } p \\ -1 & \text{概率 } 1-p \end{cases} \tag{7-19}$$

乘法器输出：

$$m(t)m(t-T_s)\cos\omega_c t\cos[\omega_c(t-T_s)]$$
$$= \frac{1}{2}m(t)m(t-T_s)[\cos\omega_c T_s + \cos(2\omega_c t - \omega_c T_s)] \tag{7-20}$$

低通输出：

$$V_0 = \frac{1}{2}m(t)m(t-T_s)\cos\omega_c T_s \,(\cos\omega_c T_s \text{ 为常数})\qquad(7\text{-}21)$$

抽样判决：

若 $V_0>0$，则判"0"码；因为 $m(t)$ 与 $m(t-T_s)$ 相位相同。

若 $V_0<0$，则判"1"码；因为 $m(t)$ 与 $m(t-T_s)$ 相位相反。

PSK 信号的功率谱与模拟调制相比，2ASK 相当于标准调幅 AM，而 2PSK 相当于抑制载波双边带调幅 DSB，2PSK 功率谱如图 7-14 所示。

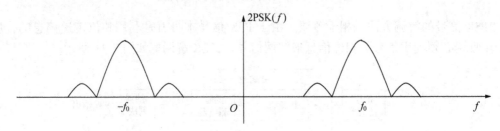

图 7-14　2PSK 功率谱

从图 7-14 中可得出以下结论。

（1）当双极性基带信号等概率出现时，频谱不含离散谱，而 2ASK 信号有离散谱。

（2）2PSK 与 2ASK 信号带宽相同 = 2 倍的基带带宽。$B_{2PSK}=2f_s=2/T_s$。

7.2　二进制数字载波传输系统的抗噪声性能

通信系统的抗噪声性能是指系统克服加性噪声影响的能力。

在数字通信中，信道的加性噪声可能使传输码元产生错误，错误程度通常用误码率来衡量。

与数字基带系统一样，分析数字调制系统（数字频带系统）的抗噪性能，也就是要找出系统用加性噪声产生的总误码率。

1. 2ASK 系统误码率求解方法

已知条件：（1）码元传输速率：$R_B=1/T_s$；

（2）信道噪声单边带功率谱密度：n_0；

（3）信号幅度：a。

求解：（1）带通滤波器带宽：$B=2R_B$；

（2）带通滤波器噪声功率：$\sigma_n^2=Bn_0$，输入信号功率：$a^2/2$；

（3）解调输入信噪比：$r=a^2/2\sigma_n^2$。

最后得出误码率：

（1）非相干（包络）解调：$P_e=\frac{1}{4}\text{erfc}\left(\frac{\sqrt{r}}{2}\right)+\frac{1}{2}e^{-r/4}$

若 $r \gg 1$，则

$$P_e = \frac{1}{2}e^{-r/4} \tag{7-22}$$

（2）相干（同步）解调：$\quad P_e = \frac{1}{2}\text{erfc}\left(\frac{\sqrt{r}}{2}\right)$

若 $r \gg 1$，则

$$P_e = \frac{1}{\sqrt{\pi r}}e^{-r/4} \tag{7-23}$$

2. 2FSK 系统误码率求解方法

已知条件：（1）码元速率：$R_B = 1/T_s$；

　　　　　（2）2FSK 两个信号的频率：f_1 和 f_2；信号幅度：a；

　　　　　（3）信道噪声单边带功率谱密度：n_0，或信道输出信噪比及信道带宽。

求解：（1）2FSK 信号带宽：

$$\Delta f = |f_2 - f_1| + 2f_s = |f_2 - f_1| + 2R_B$$

　　　（2）带通滤波器带宽：$B = 2R_B$；

　　　（3）带通滤波器输出噪声功率：$\sigma_n^2 = Bn_0$；信号功率：$a^2/2$；

　　　（4）解调输入信噪比：$r = a^2/2\sigma_n^2$

或：$r = $ 信道输出信噪比 $\times \dfrac{\text{信道带宽}}{\text{带通滤波器带宽}}$。

因为信道输出信噪比 $= \dfrac{\overline{s^2(t)}}{n_0 B_X}$，所以带通滤波器输出信噪比为：

$$r = \frac{\overline{s^2(t)}}{n_0 B} = \frac{\overline{s^2(t)}}{n_0 B_X} \cdot \frac{B_X}{B}$$

最后得出误码率：

（1）非相干解调：$\quad P_e = \frac{1}{2}e^{\frac{-r}{2}} \tag{7-24}$

（2）相干解调：$\quad P_e = \frac{1}{2}\text{erfc}\left(\sqrt{\frac{r}{2}}\right)$，若 $r \gg 1$，则 $P_e = \frac{1}{\sqrt{2\pi r}}e^{\frac{-r}{2}} \tag{7-25}$

3. 2PSK 和 2DPSK 系统误码率求解方法

已知条件：（1）码元传输速率：$R_B = 1/T_s$；

　　　　　（2）信道噪声单边带功率谱密度：n_0；

　　　　　（3）信号幅度：a。

求解：（1）带通滤波器带宽：$B = 2R_B$；

　　　（2）带通滤波器噪声功率：$\sigma_n^2 = Bn_0$；输入信号功率：$a^2/2$；

　　　（3）解调输入信噪比：$r = a^2/2\sigma_n^2$。

最后得出误码率：

（1）2PSK 相干极性比较法：$\quad P_e = \frac{1}{2}\text{erfc}\sqrt{r} \tag{7-26}$

若 $r \gg 1$，则 $\qquad P_e = \dfrac{1}{2\sqrt{\pi r}} e^{-r}$ (7-27)

（2）2DPSK 相干极性比较法：$P_e = \dfrac{1}{2}\left[1 - (\text{erfc}\sqrt{r})^2\right]$ (7-28)

（3）2DPSK 相干相位比较法：$\qquad P_e = \dfrac{1}{2}e^{-r}$ (7-29)

4. 二进制数字调制系统的性能比较

（1）信号频带宽度

ASK，PSK：$\Delta f = 2f_s$

FSK：$\Delta f = |f_2 - f_1| + 2f_s$

（2）系统误码率

	相干解调	非相干解调
ASK	$P_e = \dfrac{1}{2}\text{erfc}\sqrt{\dfrac{r}{4}}$	$P_e = \dfrac{1}{2}e^{-\frac{r}{4}}, \quad r \gg 1$
FSK	$P_e = \dfrac{1}{2}\text{erfc}\sqrt{\dfrac{r}{2}}$	$P_e = \dfrac{1}{2}e^{\frac{-r}{2}}$
PSK	极性比较：$P_e = \dfrac{1}{2}\text{erfc}\sqrt{r}$	DPSK 差分：$P_e = \dfrac{1}{2}e^{-r}$

（3）误码率 P_e 与信噪比 r 之间的关系

当 P_e 一定时，PSK，FSK，ASK 所需的 r，前者逐次比后者小 3 dB；

当 r 一定时，2PSK 的 P_e 最小。

7.3　二进制数字调制系统的性能比较

下面我们将对二进制数字通信系统的误码率性能、频带利用率、对信道的适应能力等方面的性能做进一步的比较。

1. 误码率

从图 7-15 可知，当 r 增大时，P_e 下降。对于同一种调制方式，相干解调的误码率小于非相干解调系统，但随着 r 的增大，两者差别减小。

在误码率一定的情况下，2PSK、2FSK、2ASK 系统所需要的信噪比关系为

$$r_{2\text{ASK}} = 2r_{2\text{FSK}} = 4r_{2\text{PSK}}$$

当解调方式相同调制方式不同时，在相同误码率条件下，相干 PSK 系统要求的信噪比 r 比 FSK 系统小 3 dB，FSK 系统比 ASK 系统要求的 r 也小 3 dB，并且 FSK、PSK、DPSK 的抗衰落性能均优于 ASK 系统。

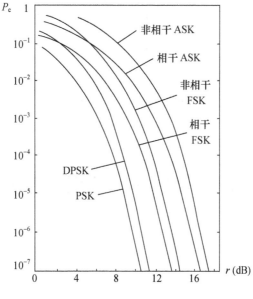

图 7-15 误码率 P_e 与输入信噪比 r

2. 判决门限

在 2FSK 系统中，不需要人为设置判决门限，仅根据两路解调信号的大小做出判决；2PSK 和 2DPSK 系统的最佳判决门限电平为 0，稳定性也好；ASK 系统的最佳门限电平与信号幅度有关，当信道特性发生变化时，最佳判决门限电平会相应地发生变化，它会不容易设置，还可能导致误码率增加。

3. 频带宽度

当传码率相同时，PSK、DPSK、ASK 系统具有相同的带宽，而 FSK 系统的频带利用率最低。

4. 设备复杂性

三种调制方式的发送设备其复杂性相差不多。接收设备中采用相干解调的设备要比非相干解调时复杂，所以除了在高质量传输系统中采用相干解调外，一般应尽量采用非相干解调方法。

5. 对信道特性变化的敏感性

在选择数字调制方式时，还应考虑系统对信道特性的变化是否敏感。在 2FSK 系统中，判决器是根据上、下两个支路解调输出样值的大小来做出判决的，对信道的变化不敏感。在 2PSK 系统中，当发送符号概率相等时，判决器的最佳判决门限为零，判决门限不随信道特性的变化而变化。在 2ASK 系统，判决器的最佳判决门限为 $a/2$ [当 $P(1) = P(0)$ 时]，它与接收机输入信号的幅度有关。当信道特性发生变化时，接收机输入信号的幅度将随着发生变化，从而导致最佳判决门限也将随之而变。这时，接收机不容易保持在最佳判决门限状态，因此，2ASK 对信道特性变化敏感，性能最差。

通过从几个方面对各种二进制数字调制系统进行比较可以看出，对调制和解调方式的选择需要考虑的因素较多。

综上所述，在选择调制解调方式时，就系统的抗噪声性能而言，2PSK 系统最好，但会出现倒相问题，所以 2DPSK 系统更实用。如果对数据传输率要求不高（1 200 bit/s 或以下），特别是在衰落信道中传送数据，则 2FSK 系统又可作为首选。

7.4　多进制数字调制系统

多进制数字调制系统的两个特点如下。

（1）相同码元速率下，信息传输速率大于二进制系统。

（2）相同比特速率下，码速低于二进制系统，即码元宽度大于二进制系统，频带利用

率 = 单位频带内码元传输速率 $= \dfrac{R_{BN}}{B}(\text{Baud}) = \dfrac{R_{BN}\text{Log}_2 N}{B}(\text{bit/s}\cdot\text{Hz})$

$$\Rightarrow \begin{cases} \text{①码元能量}\uparrow\rightarrow\text{抗干扰能力}\uparrow \\ \text{②}T_s\uparrow\rightarrow f_s\downarrow\rightarrow\text{频带利用率}\uparrow \end{cases}$$

1. 多进制调幅系统

调制方法的等效性：L 电平调幅信号可看作是 $(L-1)$ 个 2ASK 信号的叠加（单极性多电平）；其具有相同的 T_s 和 ω_c，只是振幅不同。

已调信号：$e_0(t) = \left[\sum\limits_n a_n g(t-nT_s)\right]\cos\omega_c t$

$$a_n = \begin{cases} a_1 & \text{概率 } P_1 \\ a_2 & \text{概率 } P_2 \\ \vdots \\ a_L & \text{概率 } P_L \end{cases} \qquad \sum\limits_{n=1}^{L} P_n = 1 \qquad\qquad (7\text{-}30)$$

已调信号带宽：$B = 2f_s$

抗噪性能：① P_e 的推导；② P_e 的求解；由①和②可得系统总的误码率：

$$P_e = \left(1 - \frac{1}{L}\right)\text{erfc}\left(\frac{3\gamma}{L^2-1}\right)^{1/2}, \qquad\qquad (7\text{-}31)$$

其中，$\gamma = \dfrac{P_s}{\sigma_n^2}$ 为输入信噪比，P_s 为接收机带通滤波器输出信号的平均功率，σ_n^2 为噪声功率。

小结：（1）为了得到相同的 P_e，有效的信噪比大致需要用因数 $3/(L^2-1)$ 加以修正，例如，四电平系统比二电平系统需要增加约 5 倍的信号功率；

（2）多进制调幅系统有效性的提高是以牺牲系统可靠性为代价的。

2. 多进制调频系统

已调信号：$e_0(t) = \sum_n g(t - nT_s) \cos(\omega_n t + \varphi_n)$

$$\omega_n = \begin{cases} \omega_1 & \text{概率 } P_1 \\ \omega_2 & \text{概率 } P_2 \\ \vdots & \\ \omega_L & \text{概率 } P_L \end{cases}, \quad \sum_{n=1}^{L} P_n = 1 \tag{7-32}$$

已调信号带宽：$B = f_m - f_1 + 2f_s$，其中 f_m 为最高载频，f_1 为最低载频，f_s 为码元速率。

抗噪性能：

（1）非相干（包络）检测

$$P_e = \int_0^{\infty} x e^{-\frac{x^2 + a^2}{2\sigma_m^2}} I_0\left(\frac{xa}{\sigma_m}\right) \left[1 - \left(1 - e^{-\frac{x^2}{2}} \right) \right]^{L-1} dx \tag{7-33}$$

（2）相干检测

$$P_e = \frac{1}{\sqrt{2\pi}} \int_{-\infty}^{\infty} e^{-\frac{(x-a)^2}{2\sigma_m^2}} \left[1 - \left(\frac{1}{\sqrt{2\pi}} \int_{-\infty}^{\infty} e^{-\frac{u^2}{2}} du \right)^{L-1} \right] dx \tag{7-34}$$

3. 多相进制调相系统

已调信号：$e_0(t) = \sum_n g(t - nT_s) \cos(\omega_c t + \varphi_n)$

$$\varphi_n = \begin{cases} \varphi_1 & \text{概率 } P_1 \\ \varphi_2 & \text{概率 } P_2 \\ \vdots & \\ \varphi_L & \text{概率 } P_L \end{cases}, \quad \sum_{n=1}^{L} P_n = 1 \tag{7-35}$$

已调信号带宽：$B = 2f_s$。

抗噪性能：大信噪比条件下，$P_e \approx \exp\left[-r\sin^2 \frac{\pi}{L} \right]$。 $\tag{7-36}$

 本章小结

以二元调制系统为基础，掌握数字调制解调模型及信号特征；理解噪声性能分析方法；掌握基于信噪比的误比特率公式与比较分析。

课后习题

一、选择题

1. 三种数字调制方式之间，其已调信号占用频带的大小关系为（　　）。

　　A. 2ASK = 2PSK = 2FSK
　　B. 2ASK = 2PSK > 2FSK
　　C. 2FSK > 2PSK = 2ASK
　　D. 2FSK > 2PSK > 2ASK

2. 在数字调制技术中，其采用的进制数越高，则（　　　）。
　　A. 抗干扰能力越强　　　　　　　B. 占用的频带越宽
　　C. 频谱利用率越高　　　　　　　D. 实现越简单

二、画图题

1. 设发送数字信息为 011011100010，试分别画出 2ASK、2FSK、2PSK 信号的波形示意图。
2. 设发送数字信息为 101100100100，试分别画出 2ASK、2FSK、2PSK 信号的波形示意图。

 **通信故事**

乔布斯和苹果

　　1976 年的愚人节，史蒂夫·乔布斯卖掉了自己的大众汽车，和朋友建立了苹果公司，并一手将其打造成全球领先的技术公司。苹果的市值已经从 2000 年的大约 50 亿美元增长到如今的 3 510 亿美元，成为全球市值最高的公司。美国有线新闻网（CNN）将乔布斯与电灯发明人爱迪生、汽车发明人福特并称为人类历史上最传奇的革新者。或许，没有乔布斯，技术革命背后隐藏的巨大能量一样会推动产业的深层次转型；但可以肯定的是，如果没有乔布斯，在全球上演的数字时代争夺大战一定没有这般生动和精彩。

　　"不要被教条所束缚，那样就意味着被动地接受别人的思想成果。" 2005 年，乔布斯在参加斯坦福大学毕业典礼演讲中这样说，"不要让他人观点的声音压过你自己内心的声音。" 最重要的是，必须有足够的勇气，按照自己的想法和直觉行事。这正是乔布斯对自己的人生哲学——"另类思考" 的忠实践行。

　　20 世纪 70 年代，大多数人对电脑的印象仅仅来自科幻电影中紧锁在大门后面堆放的那些神秘机器——带着黑底绿字屏幕的庞然大物，似乎离普通人的日常生活遥不可及。乔布斯无意间跌跌撞撞地迈进人烟稀少、变化莫测的电脑业余爱好者的领地。他与好友史蒂夫·沃尼雅克在父亲的车库里研发出苹果一代产品，这是最原始的电脑，没有键盘，没有显示器，甚至还必须顾客自己装配。不过，乔布斯认为，科技力量是用于改善人类生活的，电脑应该是一款优雅、简洁并且可以轻松方便地用来了解世界的时尚产品——普通消费者希望电脑买来就能用。1984 年，苹果推出其力作麦金托什电脑（Macintosh）。不过，电脑发烧友们认为麦金托什只不过是一个花哨的大玩具。在他们看来，电脑是用于商务的实用工具，操作电脑的人应该是 IT 技术人员和系统工程师。乔布斯却不这样想，他执着地将图形操作界面、鼠标以及小尺寸的电脑介绍给全世界。有一天，乔布斯带着电话簿走进设计师会议，并把电话簿重重地扔在桌子上。他对一脸茫然的设计师们大吼着说："这是麦金托什电脑能够做出的最大尺寸，绝对不能超过它。否则普通消费者会受不了。还有，我受够了所有这些方正、矮胖，样子像丑陋箱子的电脑。为什么我们不能制造一台更高，而不是更宽的电脑呢？" 乔布斯的想法震惊了房间里的所有人，因为那本电话簿只有当时电脑的一半大小，大家认为实现它根本不可能，市场上能找到的组装电脑所需配件肯定无法放进小箱子里。不过，有着非凡的设计灵感和想象力的乔布斯与其苹果团队最终做到了。麦金托什无疑是历史上最重要的个人电脑。它引领了持续数十年的计算方式，用户可以通过点击图像而非输入命令来控制电脑。乔布斯曾自夸是电话发明者亚历山大·贝尔那样的人物，"我们希望造出像第一部电话机那样的产品，"乔布斯说，我们就要麦金托什成为电脑领域中的第一部电话机。乔布斯等少数行业先锋发现了向大众销售计算机的巨大潜力，个人计算机时代的大门终于徐徐开启。

第 8 章　信道编码

本章简介

　　信道编码以提高信息传输的可靠性为目的，使从信源发出的信息经过信道传输后，尽可能准确地、不失真地再现在接收端。信道编码通常通过增加信源冗余度的方式来实现。本章首先介绍信道的基本模型，探讨信道传输信息的能力，讨论抗干扰信道编码的基本原理，然后详细介绍几种纠错编码方式。

8.1　信道编码的作用

　　数字信号在传输中往往由于各种原因而在传送的数据流中产生误码，从而使接收端产生图像跳跃、不连续、出现马赛克等现象。通过信道编码这一环节，可以对数码流进行相应的处理，使系统具有一定的纠错能力和抗干扰能力，从而极大地避免码流传送中误码的发生。误码的处理技术有纠错、交织、线性内插等。提高数据传输效率，降低误码率是信道编码的任务。信道编码的作用就是提高通信系统传输的可靠性，相当于给信号穿上了一层防护衣。

8.2　差错控制方式

　　差错控制是在数字通信中利用编码方法对传输中产生的差错进行控制，以提高数字消息传输的准确性。差错控制方法是一种保证接收的数据完整、准确的方法。因为实际通信系统总是不完美的，所以数据在传输过程中可能变得紊乱或丢失。为了捕捉这些错误，发送端调制解调器对即将发送的数据执行一次数学运算，并将运算结果连同数据一起发送出去，接收数据的调制解调器对它接收到的数据执行同样的运算，并将两个结果进行比较。如果数据在传输过程中被破坏，则两个结果就不一致，接收数据的调制解调器就请发送端重新发送数据。

　　差错控制已经成功地应用于卫星通信和数据通信。在卫星通信中一般用卷积码或级连码进行前向纠错，而在数据通信中一般用分组码进行反馈重传。此外，差错控制技术也广泛应用于计算机，其具体实现方法大致有两种：① 利用纠错码由硬件自动纠正产生的差错；② 利用检错码在发现差错后通过指令的重复执行或程序的部分返回以消除差错。

　　通信过程中的差错大致可分为两类：一类是由热噪声引起的随机错误；另一类是由冲

突噪声引起的突发错误。突发性错误影响局部，而随机性错误影响全局。

8.2.1　解决传输差错的办法

1. 肯定应答

接收器对收到的帧校验无误后送回肯定应答信号 ACK，发送器收到肯定应答信号后可继续发送后续帧。

2. 否定应答重发

接收器收到一个帧后经校验发现错误，则送回一个否定应答信号 NAK。发送器必须重新发送出错帧。

3. 超时重发

发送器发送一个帧时就开始计时。当在一定时间间隔内没有收到关于该帧的应答信号时，就会认为该帧丢失并重新发送。

差错控制编码可分为检错码和纠错码。检错码只能检查出传输中出现的差错，发送端只有重传数据才能纠正差错；纠错码不仅能检查出差错，而且能自动纠正差错，避免了重传。

8.2.2　差错控制方式分类

差错控制系统的组成及其作用原理如图 8-1 所示。

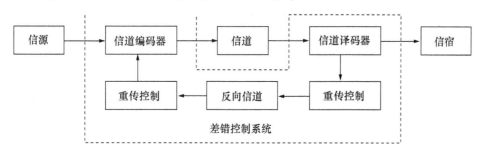

图 8-1　差错控制系统的组成及其作用原理

在图 8-1 中虚线内的部分就是数字通信中的差错控制系统。当没有差错控制时，信源输出的数字（也称符号或码元）序列将直接送住信道。由于信道中存在干扰，信道的输出将发生差错。数字在传输中发生差错的概率（误码率）是传输准确性的一个重要指标。在数字通信中信道给定以后，如果误码率不能满足要求，则要采取差错控制。

在通信系统中按具体实现方法的不同，主要有三种差错控制方法：反馈重传法（ARQ）、前向纠错法（FEC）和混合法（HFC）三种类型。

1. 反馈重传法

反馈重传法也称自动重发请求法，在这种方式中，当接收端检测出有差错时，就设法通知发送端重发，直到收到正确的码字为止。当采用反馈重传法使用检错码时，必须有双向信道才可能将差错信息反馈到发送端。同时，发送端要设置数据缓冲区，用以存放已发出的数据以及重发出错的数据，如图 8-2 所示。

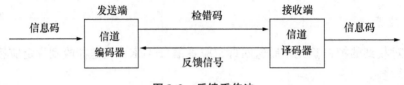

图 8-2　反馈重传法

　　反馈重传法只利用检错码以发现传输中带来的差错，同时在发现差错以后通过反向信道通知发送端重新传输相应的一组数字，以此来提高传输的准确性。根据重传控制方法的不同，反馈重传法还可以分成若干种实现方式，其中，最简单的一种称为等待重传方式。当采用这种方式时，发送端每送出一组数字就停下来等待接收端的回答。此时，信道译码器如未发现差错便通过接收端重传控制器和反向信道向发送端发出表示正确的回答。发送端收到后通过发送端重传控制器控制信源传输下一组数字，否则信源会重新传输原先那组数字。

　　2. 前向纠错法

　　前向纠错法的接收端不但能发现差错，而且能确定二进制码元发生错误的位置，从而加以纠正。当采用前向纠错法使用纠错码时，不需要反向信道来传递请示重发的信息，发送端也不需要存放以及重发的数据缓冲区。但前向纠错法编码效率低，纠错设备也比较复杂。

　　差错控制系统只包含信道编码器和译码器。从信源输出的数字序列在信道编码器中被编码，然后送往信道。由于信道编码器使用的是纠错码，故信道译码器可以纠正传输中带来的大部分差错而使信宿得到比较正确的序列，如图 8-3 所示。

图 8-3　前向纠错法

　　比如，CDMA 2000 中使用的 Turbo 码、卷积码就是这类纠错方式。可以看出这种方法是不需要反向信道来传递重发指令的，也不存在由于反复重发而带来的时延，实时性好。但纠错能力越强，编译码设备就越复杂，纠错设备也比检错设备复杂得多。同时，所选用的码字必须与信道的干扰情况相匹配。为了获得较低的误码率，往往必须以最坏的信息条件来设计纠错码，所需的冗余码元就比检错码多，从而使编码效率降低。

　　反馈重传法和前向纠错法的主要差别如下。① 前向纠错法不需要反向信道，而反馈重传法必须有反向信道。② 前向纠错法利用纠错码，而反馈重传法利用检错码。一般来讲，纠错码的实现比较复杂，可纠正的差错少，而检错码的实现比较容易，可发现的差错也多。③ 前向纠错法带来的消息延时是固定的，传输消息的速率也是固定的，而反馈重传法中的消息延时和消息的传输速率都会随重传频度的变化而变化。④ 前向纠错法不要求对信源控制，而反馈重传法要求信源可控。⑤ 经前向纠错法的被传消息的准确性仍然会随着信道干扰的变化而发生很大变化，而经反馈重传法的被传消息的准确性比较稳定，一般不随干扰的变化而变化。因此，两者的适用场合很不相同。

3. 混合法

混合法即混合检错方式——信头差错校验法。在信道干扰较大时，只用反馈重传法会因不断重传而使消息的传输速率下降过多，而仅用前向纠错法又不能保证足够的准确性，这时两者兼用比较有利，这就产生了混合法，如图 8-4 所示。此法所用的信道编码是一种既能纠正部分差错，又能发现大部分差错的码。信道译码器首先纠正那些可以纠正的差错，只对那些不能纠正但能发现的差错才要求重传，这就大大降低重传的次数。同时，由于码的检错能力很强，所以最后得到的数字消息的准确性是比较高的。

图 8-4　HFC 混合检错法

8.3　编码理论依据

编码理论是研究信息传输过程中信号编码规律的数学理论。编码理论是数学和计算机科学的一个分支，处理在噪声信道传送资料时的错误倾向。按照编码理论，资料传送时会采用更好的方法以修正传送途中所产生的大量错误。

编码理论与信息论、数理统计、概率论、随机过程、线性代数、近世代数、数论、有限几何和组合分析等学科有密切关系，已成为应用数学的一个分支。编码是指为了达到某种目的而对信号进行的一种变换，其逆变换称为译码或解码。根据编码目的的不同，编码理论有三个分支。① 信源编码。对信源输出的信号进行变换，包括连续信号的离散化，即将模拟信号通过采样和量化变成数字信号，以及对数据进行压缩，提高数字信号传输的有效性而进行的编码。② 信道编码。对信源编码器输出的信号进行再变换，包括区分通路、适应信道条件和提高通信可靠性而进行的编码。③ 保密编码。对信道编码器输出的信号进行再变换，即为了使信息在传输过程中不易被人窃取而进行的编码。编码理论在数字化遥测遥控系统、电气通信、数字通信、图像通信、卫星通信、深空通信、计算技术、数据处理、图像处理、自动控制、人工智能和模式识别等方面都有广泛的应用。

1843 年美国著名画家莫尔斯精心设计出莫尔斯码，广泛应用在电报通信中。莫尔斯码使用三种不同的符号：点、划和间隔，可看作是顺序三进制码。根据编码理论可以证明，莫尔斯码与理论上可达到的极限只差 15%。但是直到 20 世纪三四十年代才开始形成编码理论。1928 年美国电信工程师 H. 奈奎斯特提出著名的采样定理，为连续信号离散化奠定了基础。1948 年美国应用数学家 C. E. 香农在《通信中的数学理论》一文中提出信息熵的概念，为信源编码奠定了理论基础。1949 年香农在《有噪声时的通信》一文中提出了信道容量的概念和信道编码定理，为信道编码奠定了理论基础。无噪信道编码定理（又称香农第一定理）指出，码字的平均长度只能大于或等于信源的熵。有噪信道编码定理（又称香农第二定理）则是编码存在定理，它指出只要信息传输速率小于信道容量，就存在一类编码，使信息传输的错误概率可以任意小。随着计算技术和数字通信的发展，纠错编码和密码学得到迅速的发展。

在信源编码方面，1951 年香农证明，当信源输出有冗余的消息时可通过编码改变信源的输出，使信息传输速率接近信道容量。1948 年香农就提出能使信源与信道匹配的香农编码。1949 年美国麻省理工学院的 R. M. 费诺提出费诺编码。1951 年美国电信工程师 D. A. 霍夫曼提出更有效的霍夫曼编码。此后又出现了传真编码、图像编码和语音编码，对数据压缩进行了深入的研究，解决了数字通信中提出的许多实际问题。

在纠错编码方面，1948 年香农就提出一位纠错码（码字长为 7，信息码元数为 4）。1949 年出现三位纠错的格雷码（码字长为 23，信息码元数为 12）。1950 年美国数学家 R. W·汉明发表论文《检错码和纠错码》，提出著名的汉明码，对纠错编码产生了重要的影响。1955 年出现卷积码，至今仍有很广泛的应用。1957 年引入循环码，其构造简单，便于应用代数理论进行设计，也容易实现。1959 年出现能纠正突发错误的哈格伯尔格码和费尔码。1959 年美国的 R. C. 博斯和 D. K. 雷·乔达利与法国的 A. 奥昆冈几乎同时独立地发表一种著名的循环码，后来称为 BCH 码（即 Bose-Chaudhuri-Hocquenghem 码）。1965 年提出序贯译码，序贯译码已用于空间通信。1967 年 A. J. 维特比提出最大似然卷积译码（也称为维特比译码）。1978 年出现矢量编码法，它是一种高效率的编码技术。1980 年用数论方法实现里德-所罗门（Reed-Solomon）码，简称 RS 码，它实际上是多进制的 BCH 码。这种纠错编码技术能使编码器集成电路的元件数减少一个数量级。它已在卫星通信中得到了广泛的应用。RS 码和卷积码结合而构造的级连码，可用于深空通信。

在密码学方面，1949 年香农发表《保密系统的通信理论》，这是密码学的先驱性著作。1976 年狄菲和赫尔曼首次提出公开密钥体制，为密码学的研究开辟了新的方向。超大规模集成电路和高速计算机的应用，促进了保密编码理论的发展，同时也给保密通信的安全性带来很大的威胁。20 世纪 70 年代以来把计算机复杂性理论引入密码学，出现了所谓 P 类、NP 类和 NP 完全类问题。算法的复杂性函数呈指数型增长，因此密钥空间扩大，使密码的分析和搜索面临严重的挑战，密码学开始向纵深方向发展。

8.3.1　信源编码

广义的信源编码包括模数转换（即把模拟量变换成二进制的数字量）和数据压缩（即对这些数字量进行编码来降低数码率）两个方面。信源编码的主要任务是压缩数据，它有四种基本方法。

（1）匹配编码。这种方法是根据编码对象的出现概率（概率分布），分别给予不同长短的代码，出现概率越大，所给代码长度越短。这里所谓匹配就是指代码长度与概率分布相匹配。莫尔斯码就是一种匹配编码。匹配编码还常采用去相关性的方法进一步压缩数据。

（2）变换编码。这种方法是先对信号进行变换，从一种信号空间变换成另一种信号空间，然后针对变换后的信号进行编码。

变换编码在语音和图像编码中有广泛的应用，目前常用的变换编码有预测编码和函数编码两类。预测编码是根据信号的一些已知情况来预测信号即将发生的变化，它不传送信号的采样值，而传送信号的采样值与预测值之差。预测编码用在数字电话和数字电视中。函数编码最常用的是快速傅里叶变换（FFT）、余弦变换、沃尔什变换、哈尔变换和阿达马变换等，通过变换可得到信号的频谱特性，因而可根据频谱特点来压缩数码。

（3）矢量编码。这种方法是将可能传输的消息分类按地址存储在接收端的电子计算机数据库中，发送端只发送数据库的地址，即可查出消息的内容，从而大大压缩发送的数据。

（4）识别编码。这种方法主要用于有标准形状的文字、符号和数据的编码，但语音也可以进行识别编码。识别编码的作用不仅限于压缩数据，它在模式识别中也有广泛的应用。常用的识别方法有关联识别和逻辑识别等方法。识别编码可大大压缩数据，例如，用语音识别的方法传输语音，平均数码率小于 100 bit/s；而用增量调制语音的方法传输语音，数码率达 38 400 bit/s。两者相差约 400 倍。但识别编码在恢复时是根据一个代码恢复一个标准声音，只能用于不必知道发话人是谁的特殊电话和问答装置。识别编码用于文字传输时，恢复出来的都是印刷体符号，只能用于普通电报。

8.3.2　信道编码

信道编码的主要任务是为了区分通路和增加通信的可靠性。以区分通路为主要目的的编码常采用正交码。以增加通信可靠性为主要目的的编码常采用纠错码。正交码也具有很强的抗干扰能力。在信道编码中也采用检错码。

信源编码器输出 k 位码元一组的码。它们携带着信息，称为信息元。这样的信息元通过信道编码器后，变换成 n 位码元一组的码字。信息元和码字是一一对应的。

（1）正交码：码字与码字之间互相关系数为 0 的码称为正交码，在信道编码时主要利用它的正交性去区分通路，但它本身也可以携带信息。最常用的正交码有伪随机码（如 m 序列、L 序列、巴克序列、M 序列等）和沃尔什函数序列。若一个正交信号集的补集也被利用，则可用码组数将增加一倍，这样的正交码称为双正交码。里德-米勒码（Reed-Muller 码）就是一种双正交码。正交码广泛用于通信、雷达、导航、遥控、遥测和保密通信等领域。

（2）检错码：有发现错误能力的码称为检错码。常用的检错码有奇偶校验码和等重码。采用检错码的通信系统要有反馈通道，当发现收到的信号有错误时，通过反馈通道发出自动请求重发（ARQ）的信号。

（3）纠错码：接收到错误的码字后能在译码时自动纠正错误的码称为纠错码。纠错码是一种重要的抗干扰码，可增加通信的可靠性。纠错码是利用码字中有规律的冗余度，即利用冗余度使码字的码元之间产生有规律的相关性，或使码字与码字之间产生有规律的相关性。通常把信息元中的码元数 k 与对应码字的码元数 n 的比值 R 称为编码效率，即 $R = k/n$，码字的冗余度为 $1 - R$。

纠错码有两类：分组码和卷积码。分组码常记作 (n, k) 码，其中 n 是一个码字的码元数（即码字长），k 是信息码元数，$n - k$ 是检验码元数。在一个码字中，如果信息码元安排在前 k 位，检验码元安排在后 $n - k$ 位，则这种码称为组织码或系统码。如果分组码中任何两个 n 比特的码字进行模 2 相加可得到另一个码字，则这种码称为群码。任何一致监督分组码都是群码。如果一个码字经过循环以后必然是另一个码字,这种码称为循环码。循环码是群码的一个重要子集。著名的 BCH 码就是一种循环群码。能纠正突发错误的费尔码是一种分组循环码。汉明码也是一种群码。通常把两个码字之间不同码元的数目称为汉明距离。两两码字之间汉明距离的最小值称为最小汉明距离,它是汉明码检错纠错能力的重要测度。汉明码要纠正 E 个错误,它的最小汉明距离至少必须是 $2E+1$;要发现最多 E 个错误,其最小汉明距离应为 $E+1$。

如果特定的一致监督关系不是在一个码字中实现,而是在多个码字中实现,则这种码称为卷积码。卷积码可用移位寄存器来实现,这种卷积编码器的输出可看作是输入信息码元序列与编码器响应函数的卷积。能纠正突发错误的哈格伯尔格码也是一种卷积码。在平稳高斯噪声干扰的信道上采用序贯译码方法的卷积码有很好的性能,能用于卫星通信和深空通信。

8.3.3 保密编码

为了防止窃译而进行的再编码称为保密编码,其目的是为了隐藏敏感的信息,它常采用替换或乱置或两者兼有的方法。一个密码体制通常包括两个基本部分:加(解)密算法和可以更换的控制算法的密钥。根据结构分类,密码可分为序列密码和分组密码两类。序列密码是算法在密钥控制下产生的一种随机序列,并逐位与明文混合而得到密文;其主要优点是不存在误码扩散,但对同步有较高的要求;它广泛用于通信系统中。分组密码是算法在密钥控制下对明文按组加密,这样产生的密文位一般与相应的明文组和密钥中的位有相互依赖性,因而能引起误码扩散。分组密码多用于消息的确认和数字签名中。

密码学还研究通过破译来截获密文的方法。破译方法有确定性分析法和统计性分析法两类。确定性分析法是利用一个或几个未知量来表示所期望的未知量从而破译密文,统计分析法是利用存在于明文、密文或密钥之间的统计关系来破译密文。

8.4 差错控制原理

先举一个日常生活中的实例。如果你发出一个通知"明天 14:00—16:00 开会",但在通知过程中由于某种原因产生了错误,变成"明天 10:00—16:00 开会"。当接收者收到这个错误通知后由于无法判断其正确与否,就会按这个错误时间去行动。为了使接收者能判断正误,可以在发通知内容中增加"下午"两个字,即改为"明天下午 14:00—16:00 开会",这时,如果仍错为"明天下午 10:00—16:00 开会",则接收者收到此通知后会根据"下午"两字判断出"10:00"发生了错误。但仍不能纠正其错误,因为无法判断"10:00"错在何处,即无法判断原来到底是几点钟。这时,接收者可以告诉发送端再发一次通知,这就是检错重发。为了实现不但能判断正误(检错),同时还能改正错误(纠错),可以把发的通知内容再增加"两个小时"四个字,即改为"明天下 14:00—16:00 开两个小时的会"。这样,如果其中"14:00"错为"10:00",不但能判断出错误,同时还能纠正错误,因为从其中增加的"两个小时"四个字可以判断出正确的时间为"14:00—16:00"。

通过上例可以说明,为了能判断传送的信息是否有误,可以在传送时增加必要的附加判断数据；如果又能纠正错误，则需要增加更多的附加判断数据。这些附加数据在不发生误码的情况之下是完全多余的，但如果发生误码，即可利用被传信息数据与附加数据之间的特定关系来实现检出错误和纠正错误，这就是误码控制编码的基本原理。具体来说就是：为了使信源代码具有检错和纠错能力，应当按一定的规则在信源编码的基础上增加一些冗余码元（又称检验码），使这些冗余码元与被传送信息码元之间建立一定的关系，发送端完成这个任务的过程就称为误码控制编码；在接收端，根据信息码元与检验码元的特定关系，实现检错或纠错，输出原信息码元，完成这个任务的过程就称误码控制译码（或解码）。另外，无论检错和纠错，都有一定的误码范围，如上例中，若开会时间错为"16:00—18:00"，则无法实现检错与纠错，因为这个时间也同样满足附加数据的约束条件，这就应当增加更多的附加数据（即冗余）。我们已知，信源编码的中心任务是消去冗余，实现码率压缩，可是为了检错与纠错，又不得不增加冗余，这又必然导致码率增加，传输效率降低；显然这是个矛盾。分析误码控制编码的目的，正是为了寻求较好的编码方式，能在增加冗余不太多的前提下来实现检错和纠错。另外，经过信源编码，如果传送信道容量与信源码率相匹配，而且信道内引入的噪声较小，则误码率一般是很低的。例如，当信道的信杂比超过 20 dB 时，二元单极性码的误码率低于 10^{-8}，即误码率只有 $1/10^8$，故通过信道编码实现检错和纠错是可以做到的。

8.4.1　误码控制编码的分类

随着数字通信技术的发展，陆续研究开发了各种误码控制编码方案，各自建立在不同的数学模型基础上，并具有不同的检错与纠错特性，可以从不同的角度对误码控制编码进行分类。

按照误码控制的不同功能，误码控制编码可分为检错码、纠错码和纠删码等。其中，检错码仅具备识别错码功能，而无纠正错码功能；纠错码不仅具备识别错码功能，同时具备纠正错码功能；纠删码则不仅具备识别错码和纠正错码的功能，而且当错码超过纠正范围时可以把无法纠错的信息删除。

按照误码产生的原因不同，可分为纠正随机错误的码与纠正突发性错误的码。前者主要用于产生独立的局部误码的信道，而后者主要用于产生大面积的连续误码的情况，例如磁带数码记录中磁粉脱落而发生的信息丢失。按照信息码元与附加的检验码元之间的检验关系可分为线性码与非线性码。如果两者呈线性关系，即满足一组线性方程式，就称为线性码；否则，两者关系不能用线性方程式来描述，就称为非线性码。

按照信息码元与监督附加码元之间的约束方式不同，误码控制编码可以分为分组码与卷积码。在分组码中，编码后的码元序列每 n 位分为一组，其中包括 k 位信息码元和 r 位附加检验码元，即 $n = k + r$，每组的检验码元仅与本组的信息码元有关，而与其他组的信息码元无关。卷积码则不同，虽然编码后码元序列也划分为码组，但每组的检验码元不但与本组的信息码元有关，而且与前面码组的信息码元也有约束关系。

按照信息码元在编码之后是否保持原来的形式不变，误码控制编码又可分为系统码与非系统码。在系统码中，编码后的信息码元序列保持原样不变；而在非系统码中，信息码元会改变其原有的信号序列。由于非系统码使原有码位发生了变化，使译码电路更为复杂，故较少选用。

根据编码过程中所选用的数字函数式或信息码元特性的不同，误码控制编码又包括多种编码方式。对于某种具体的数字设备，为了提高检错和纠错能力，通常同时选用几种误码控制编码方式。在图8-5中，列出了常见的几种误码控制编码方式。

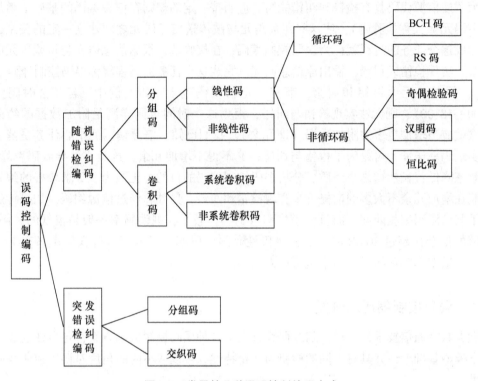

图 8-5　常见的几种误码控制编码方式

8.4.2　有关误码控制编码的几个基本概念

1. 信息码元与检验码元

信息码元又称信息序列或信息位，这是发送端由信源编码后得到的被传送的信息数据比特，通常以 k 表示。

检验码元又称监督位或附加数据比特，这是为了检码纠码而在信道编码时加入的判断数据位。通常检验码以 r 表示，即 $n=k+r$ 或 $r=n-k$。

经过分组编码后的码又称为 (n,k) 码，即表示总码长为 n 位，其中信息码长（码元数）为 k 位，检验码长（码元数）为 $r=n-k$，通常称其为长为 n 的码字（或码组、码矢）。

2. 许用码组与禁用码组

信道编码后的总码长为 n，总的码组数应为 2^n，即为 2^{k+r}。其中被传送的信息码组有 2^k 个，通常称为许用码组；其余的码组共有 (2^n-2^k) 个，不传送，称为禁用码组。发送端误码控制编码的任务正是寻求某种规则从总码组（2^n）中选出许用码组，而收端译码的任务则是利用相应的规则来判断及校正收到的码字符合许用码组。通常又把信息码元数目

k 与编码后的总码元数目（码组长度）n 之比称为信道编码的编码效率或编码速率，表示为：

$$R = \frac{k}{n} = \frac{k}{k+r}$$

这是衡量纠错码性能的一个重要指标。一般情况下，监督位越多（即 r 越大），检纠错能力越强，但相应的编码效率也随之降低了。

3. 码重与码距

在分组编码后，每个码组中码元为"1"的数目称为码的重量，简称码重。两个码组对应位置上取值不同（1 或 0）的位数，称为码组的距离，简称码距，又称汉明距离，通常用 d 表示。最小码距的大小与信道编码的检纠错能力密切相关。

分组编码最小码距与检纠错能力的关系有以下三条结论。

（1）在一个码组内为了检测 e 个误码，要求最小码距应满足：$d_0 \geq e+1$；

（2）在一个码组内为了纠正 t 个误码，要求最小码距应满足：$d_0 \geq 2t+1$；

（3）在一个码组内为了纠正 t 个误码，同时能检测 e 个误码（$e > t$），要求最小码距应满足：$d_0 \geq e+t+1$。

8.5　信道编码大观园——纠错编码方式介绍

8.5.1　奇偶校验码

奇偶校验码也称奇偶检验码，它是一种最简单的线性分组检错编码方式。其方法是首先把信源编码后的信息数据流分成等长码组，在每一信息码组之后加入一位（1 比特）检验码元作为奇偶检验位，使得总码长 n（包括信息位 k 和监督位 1）中的码重为偶数（称为偶校验码）或为奇数（称为奇校验码）。如果在传输过程中任何一个码组发生一位（或奇数位）错误，则收到的码组必然不再符合奇偶校验的规律，因此可以发现误码。奇校验和偶校验两者具有完全相同的工作原理和检错能力，原则上采用任何一种都是可以的。

由于每两个 1 的模 2 相加为 0，故利用模 2 加法可以判断一个码组中码重是奇数或是偶数；模 2 加法等同于"异或"运算。下面以偶校验为例。

对于偶校验，应满足

$$a_{n-1} \oplus a_{n-2} \oplus \cdots \oplus a_1 \oplus c_0 = 0 \tag{8-1}$$

故监督位码元可由下式求出：

$$c_0 = a_1 \oplus a_2 + \cdots \oplus a_{n-2} \oplus c_{n-1} \tag{8-2}$$

不难理解，这种奇偶校验编码只能检出单个或奇数个误码，而无法检知偶数个误码，对于连续多位的突发性误码也不能检知，故检错能力有限。另外，该编码后码组的最小码距为 $d_0 = 2$，故没有纠错码能力。奇偶检验码常用于反馈纠错法。

8.5.2　行列检验码

行列检验码是二维的奇偶检验码，又称为矩阵码，这种码可以克服奇偶检验码不能发现偶数个差错的缺点，并且是一种用以纠正突发差错的简单纠正编码。

行列检验码的基本原理与简单的奇偶检验码相似，不同的是每个码元要受到纵和横的两次监督。具体编码方法为：将若干个所要传送的码组编成一个矩阵，矩阵中每一行为一码组，每行的最后加上一个检验码元，进行奇偶检验，矩阵中的每一列则由不同码组相同位置的码元组成，在每列最后也加上一个检验码元，进行奇偶检验。

8.5.3　RS 编码

RS 编码即里德-所罗门码，它是能够纠正多个错误的纠错码。RS 编码为（204，188，$t=8$），其中 t 是可抗长度字节数，对应的 188 符号，检验段为 16 个字节（开销字节段）。实际中实施（255，239，$t=8$）的 RS 编码，即在 204 字节（包括同步字节）前添加 51 个全 "0" 字节，产生 RS 编码后丢弃前面 51 个空字节，形成截短的（204，188）RS 编码。RS 的编码效率是 188/204。

8.5.4　连环码（卷积码）

连环码是一种非分组码，通常它更适用于前向纠错法，因为其性能对于许多实际情况常优于分组码，而且设备简单。这种连环码在它的信码元中也有插入的检验码元，但并不实行分组检验，每一个检验码元都要对前后的信息单元起检验作用，整个编解码过程也是一环扣一环，连锁地进行下去。连环码的提出至今还不到三十年，但是近十余年的发展表明，连环码的纠错能力不亚于甚至优于分组码。本节只介绍一种最简单的连环码，以便了解连环码的基本概念。图 8-6 是连环码的一种最简单的编码器，它由两个移位寄存器，一个模 2 加法器及一个电子开关组成。工作过程是：移位寄存器按信息码的速度工作，输入一位信息码，电子开关倒换一次，即前半拍接通 a 端，后半拍接通 b 端。因此，若输入信息为 $a_0a_1a_2a_3$，则输出连环码为 $a_0b_0a_1b_1a_2b_2a_3b_3\cdots$，其中 "b" 为检验码元，如图 8-6 所示。

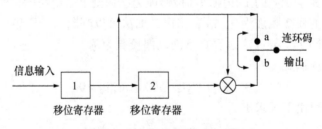

图 8-6　最简单的连环码编码器

这个连环码的结构是"信息码元、检验码元，信息码元，检验码元……"。一个信息码与一个检验码组成一组，但每组中的检验码除了与本组信息码有关外，还跟上一组的信息码有关。或者用另一种说法，每个信息码除有本组检验码外，还有下一组的检验码与它有关系。因此，这种编码就像一根链条，一环扣一环，连环码即由此得名。在解码过程中，首先将接收到的信息码与检验码分离。由接收到的信息码再生检验码，这个过程与编码器相同，然后将此再生检验码与接收到的检验码比较，判断有无差错。分布在相邻的三组码内可纠正一位差错。

8.5.5　交织法

在实际应用中，比特差错经常成串发生，这是由于持续时间较长的衰落谷点会影响到几个连续的比特，而信道编码仅在检测和校正单个差错和不太长的差错串时才最有效（例如，RS 只能纠正 8 个字节的错误）。为了纠正这些成串发生的比特差错及一些突发错误，可以运用交织技术来分散这些误差，使长串的比特差错变成短串差错，从而可以用前向码对其纠错。例如，在 DVB-C 系统中，RS（204，188）的纠错能力是 8 个字节，交织深度为 12，那么纠可抗长度为 8 × 12 = 96 个字节的突发错误。实现交织和解交织一般使用卷积方式。交织技术对已编码的信号按一定规则重新排列，解交织后突发性错误在时间上被分散，使其类似于独立发生的随机错误，从而前向纠错编码可以有效地进行纠错，前向纠错码加交织的作用可以理解为扩展了前向纠错的可抗长度字节。纠错能力强的编码一般要求的交织深度相对较低，纠错能力弱的则要求更深的交织深度。

8.5.6　伪随机序列扰码

进行基带信号传输的缺点是其频谱会因数据出现连续"1"和连续"0"而包含大的低频成分，不适应信道的传输特性，也不利于从中提取出时钟信息。解决办法之一是采用扰码技术，使信号受到随机化处理，变为伪随机序列，又称为"数据随机化"和"能量扩散"处理。扰码不但能改善位定时的恢复质量，还可以使信号频谱平滑，使帧同步、自适应同步和自适应时域均衡等系统的性能得到改善。

扰码虽然"扰乱"了原有数据的本来规律，但因为是人为的"扰乱"，所以在接收端很容易去加扰，恢复成原数据流。实现加扰和解码，需要产生伪随机二进制序列（PRBS），再与输入数据逐个比特做运算。PRBS 也称为 m 序列，这种 m 序列与 TS 的数据码流进行模 2 加运算后，数据流中的"1"和"0"的连续游程都很短，且出现的概率基本相同。利用伪随机序列进行扰码也是实现数字信号高保密性传输的重要手段之一。一般将信源产生的二进制数字信息和一个周期很长的伪随机序列模 2 相加，就可将原信息变成不可理解的另一序列。这种信号在信道中传输自然具有高度保密性。在接收端将接收信号再加上（模 2 的和）同样的伪随机序列，就恢复为原来发送的信息。在 DVB-C 系统中的 CA 系统原理就源于此，只不过为了加强系统的保密性，其伪随机序列是不断变化的（10 秒变一次），这个伪随机序列又叫控制字（CW）。现在出现了一种新的信道编码方法——LDPC 编码。LDPC 编码是最接近香农定理的一种编码。

本章小结

信道编码以提高信息传输的可靠性为目的，是要使从信源发出的信息经过信道传输后，尽可能准确地、不失真地再现在接收端。信道编码通常通过增加信源冗余度的方式来实现。

本章首先介绍信道的基本模型，探讨信道传输信息的能力，讨论抗干扰信道编码的基本原理，然后详细介绍几种纠错编码方式。

 **课后习题**

1. 简述信道编码的作用。
2. 简述差错控制的几种方式以及它们和信道编码的关系。
3. 简述信道编码的理论依据。
4. 什么是编码效率？什么是编码增益？
5. 简述交织技术的作用。

 **通信故事**

Turbo 码的发明

3G 即第三代移动通信，主流制式分为三大类———WCDMA、CDMA2000 和中国的 TD-SCDMA。理想的 3G 要求必须能够支持全 IP 高速分组数据传输（数据速率为数十甚至数百兆比特/s），支持高的终端移动性（移动速度高达每小时几百公里），支持高的传输质量（数据业务的误码率低于 10^{-6}），提供高的频谱利用率和功率效率（发射功率降低 10 dB 以上），并能够有效地支持在用户数据速率、用户容量、服务质量和移动速度等方面大的动态范围的变化。而为了解决这些难题，就必须有好的编码技术。具有强纠错能力的 Turbo 码受到各个移动通信标准的青睐。Turbo 码使工程师可以在一个信道里传输更多的无误码数据，从而成为下一代多媒体移动通信的关键。

1993 年在瑞士日内瓦举行的 IEEE 国际通信学会。会上两位法国电机工程师克劳德·伯劳和阿雷恩·格莱维欧克斯声称他们发明了一种数字编解码方案，可以实现事实上无误码，而码率与发射功率效率超出所有专家预期的传输。他们宣称，这一方案可以在给定功率下把传输码率提高一倍，或者在给定传输速率下把信号能量减少一半，这一进展足以使某些通信公司动心来碰一下运气。但几乎没有专家相信他们的结果。这两位法国人当时在信息理论领域都是名不见经传的，一些人想当然地认为他们的计算一定有什么错误。

不可思议的是，当其他研究人员开始试验重复其结果时，很快证明这些结论是正确的。伯劳和格莱维欧克斯提出的纠错编码方案是对的，这一方案就被命名为 Turbo 编码，它对纠错编码产生了革命性的影响。

第 9 章　同　　步

本章简介

所谓同步，就是使收、发两端的信号在时间上步调一致、节拍一致，即建立收、发双方信号频率相位的一致，使得系统中的收、发信机中的基准信号保持一致。数字通信系统是一个同步通信系统。同步对数字通信系统的性能有着重要的影响，同步一旦失效可导致通信中断。同步问题包括以下几点。

（1）载波同步：在同步解调或相干检测中，接收端如何获得与发射端调制载波同频、同相的相干载波。

（2）位同步：在接收端如何产生与接收码元同频、同相的定时脉冲序列。

（3）帧同步或群同步：在接收端如何产生与"码字"、"句"起始时刻一致的定时脉冲序列。

（4）网同步：在多用户的条件下，如何使得整个通信网有一个统一的时间基准信号。

同步也是一种信息，按照获取和传输同步信息方式的不同，又可分为外同步法和自同步法。

（1）外同步法：由发送端发送专门的同步信息（常称为导频），接收端把这个导频提取出来作为同步信号的方法，称为外同步法。

（2）自同步法：发送端不发送专门的同步信息，接收端设法从收到的信号中提取同步信息的方法，称为自同步法。

9.1　载波同步

对模拟已调信号和数字已调信号进行相干解调时，需要从接收信号中提取相干载波。载波同步要解决的问题是，如何在接收端获得或提取与发射端调制载波同频、同相的载波信号？

载波提取的方法如下。

（1）插入导频法：应用于发送信号中不含有载波分量的情形。

（2）直接法：应用于发送信号中含有载波分量的情形。

9.1.1　插入导频法（外同步法）

在模拟通信系统中，抑制载波的双边带信号本身不含有载波；残留边带信号虽然一般都含有载波分量，但很难从已调信号的频谱中将它分离出来；单边带信号更是不存在载波分量。在数字通信系统中，2PSK 信号中的载波分量为零。对这些信号的载波提取，都可以用插入导频法，特别是单边带调制信号，只能用插入导频法提取载波。

对于抑制载波的双边带调制而言，在载频处，已调信号的频谱分量为零，同时对调制信号进行适当的处理，就可以使已调信号在载频附近的频谱分量很小，这样就可以插入导频，这时插入的导频对信号的影响最小。但插入的导频并不是加在调制器上的载波，而是将该载波移相90°后的所谓"正交载波"。根据上述原理，就可构成插入导频的发送端方框图，如图9-1（a）所示。

根据图9-1（a）的结构，其输出信号可表示为

$$\mu_0(t) = a_c m(t)\sin\omega_c t - a_c\cos\omega_c t \tag{9-1}$$

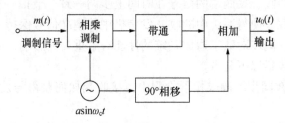

(a) 插入导频法发送端方框图

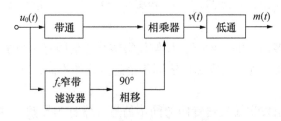

(b) 插入导频法接收端方框图

图9-1　插入导频法

设收端收到的信号与发送端输出信号相同，则收端用一个中心频率为 ω_c 的窄带滤波器就可以得到导频 $-a_c\cos\omega_c t$，再将它移相90°，就可得到与调制载波同频、同相的信号 $a_c\sin\omega_c t$。收端的方框图如图9-1（b）所示，从图中可以看出

$$v(t) = [a_c m(t)\sin\omega_c t - a_c\cos\omega_c t] \cdot a_c\sin\omega_c t$$

$$= \frac{a_c^2 m(t)}{2} - \frac{a_c^2 m(t)}{2}\cos2\omega_c t - \frac{a_c^2}{2}\sin2\omega_c t \tag{9-2}$$

经过低通滤波器后，就可以恢复出调制信号 $m(t)$。然而，如果发送端加入的导频不是正交载波，而是调制载波，则这时发送端的输出信号可表示为

$$\mu_0(t) = a_c m(t)\sin\omega_c t + a_c\sin\omega_c t \tag{9-3}$$

接收端用窄带滤波器取出 $a_c\sin\omega_c t$ 后直接作为同步载波，但此时经过相乘器和低通滤波器解调后输出为 $a_c^2 m(t)/2 + a_c^2/2$，多了一个不需要的直流成分 $a_c^2/2$，这就是发送端采用正交载波作为导频的原因。

9.1.2　直接法（自同步法）

有些信号（如抑制载波的双边带信号等）虽然本身不包含载波分量，但对该信号进行某些非线性变换以后，就可以直接从中提取出载波分量，这就是直接法提取同步载波的基

本原理。下面介绍几种直接提取载波的方法。

1. 平方变换法和平方环法

设调制信号为 $m(t)$，$m(t)$ 中无直流分量，则抑制载波的双边带信号为

$$s(t) = m(t)\cos\omega_c t \tag{9-4}$$

接收端将该信号进行平方变换，即经过一个平方律部件后就得到

$$e(t) = m^2(t)\cos^2\omega_c t = \frac{m^2(t)}{2} + \frac{1}{2}m^2(t)\cos 2\omega_c t \tag{9-5}$$

由式（9-5）可以看出，虽然前面假设 $m(t)$ 中无直流分量，但 $m^2(t)$ 却一定有直流分量，这是因为 $m^2(t)$ 必为大于等于 0 的数，因此，$m^2(t)$ 的均值必大于 0，而这个均值就是 $m^2(t)$ 的直流分量，这样 $e(t)$ 的第二项中就包含 $2f_c$ 频率的分量。例如，对于 2PSK 信号，$m(t)$ 为双极性矩形脉冲序列，设 $m(t)$ 为 ± 1，那么 $m^2(t) = 1$，这样经过平方律部件后可以得到

$$e(t) = m^2(t)\cos^2\omega_c t = \frac{1}{2} + \frac{1}{2}\cos 2\omega_c \tag{9-6}$$

由式（9-6）可知，通过 $2f_c$ 窄带滤波器从 $e(t)$ 中很容易取出 $2f_c$ 频率分量。经过一个二分频器就可以得到 f_c 的频率成分，这就是所需要的同步载波。因而，利用图 9-2 所示的方框图就可以提取出载波。

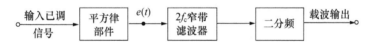

图 9-2　平方变换法提取载波

为了改善平方变换的性能，可以在平方变换法的基础上，把窄带滤波器用锁相环替代，构成如图 9-3 所示的框图，这样就实现了平方环法提取载波。由于锁相环具有良好的跟踪、窄带滤波和记忆性能，因此平方环法比一般的平方变换法具有更好的性能，从而得到广泛的应用。

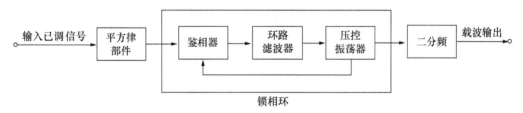

图 9-3　平方环法提取载波

在上面两个提取载波的方框图中都用了一个二分频电路，因此，提取出的载波存在 π 相位模糊问题。对移相信号而言，解决这个问题的常用方法就是采用前面已介绍过的相对移相。

2. 同相正交环法（科斯塔斯环）

利用锁相环提取载波的另一种常用方法如图 9-4 所示。加于两个相乘器的本地信号分别为压控振荡器的输出信号 $\cos(\omega_c t + \theta)$ 和它的正交信号 $\sin(\omega_c t + \theta)$，因此，通常称这

种环路为同相正交环，有时也称为科斯塔斯（Costas）环。

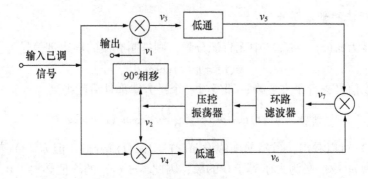

图9-4 同相正交环法提取载波

设输入的抑制载波双边带信号为 $m(t)\cos\omega_c t$，则

$$\begin{cases} \nu_3 = m(t)\cos\omega_c t\cos(\omega_c t + \theta) = \dfrac{1}{2}m(t)\left[\cos\theta + \cos(2\omega_c t + \theta)\right] \\ \nu_4 = m(t)\cos\omega_c t\sin(\omega_c t + \theta) = \dfrac{1}{2}m(t)\left[\sin\theta + \sin(2\omega_c t + \theta)\right] \end{cases} \qquad (9\text{-}7)$$

经低通后的输出分别为

$$\begin{cases} \nu_5 = \dfrac{1}{2}m(t)\cos\theta \\ \nu_6 = \dfrac{1}{2}m(t)\sin\theta \end{cases} \qquad (9\text{-}8)$$

乘法器的输出为

$$\nu_7 = \nu_5 \cdot \nu_6 = \frac{1}{4}m^2(t)\sin\theta\cos\theta = \frac{1}{8}m^2(t)\sin2\theta \qquad (9\text{-}9)$$

式（9-9）中 θ 是压控振荡器输出信号与输入已调信号载波之间的相位误差。当 θ 较小时，式（9-9）可以近似地表示为

$$\nu_7 \approx \frac{1}{4}m^2(t)\theta \qquad (9\text{-}10)$$

在式（9-10）中，ν_7 的大小与相位误差成正比，因此它就相当于一个鉴相器的输出。用 ν_7 去调整压控振荡器输出信号的相位，最后就可以使稳态相位误差 θ 减小到很小的数值，这样图9-4压控振荡器的输出 ν_1 就是所需要提取的载波。

数字通信中经常使用多相移相信号，这类信号同样可以利用多次方变换法从已调信号中提取载波信息。如以四相移相信号为例，图9-5展示了从四相移相信号中提取同步载波的方法。

图9-5 四次方变换法提取载波

9.1.3 两种载波同步方法的比较

直接法的优缺点主要表现在以下几方面。

（1）不占用导频功率，因此信噪功率比可以大一些。

（2）可以防止插入导频法中导频和信号间由于滤波不好而引起的互相干扰，也可以防止因信道不理想而引起导频相位的误差。

（3）有的调制系统不能用直接法（如 SSB 系统）。

插入导频法的优缺点主要表现在以下几方面。

（1）有单独的导频信号，一方面可以提取同步载波，另一方面可以利用它作为自动增益控制。

（2）有些不能用直接法提取同步载波的调制系统只能用插入导频法。

（3）插入导频法要多消耗一部分不带信息的功率。因此，与直接法比较，在总功率相同的条件下实际信噪功率比要小一些。

9.2 位 同 步

同步是数字通信中必须解决的一个重要的问题。所谓同步，就是要求通信的收发双方在时间基准上保持一致，包括在开始时间、位边界、重复频率等上的一致。

数据通信双方的计算机在时钟频率上存在差异，而这种差异将导致不同的计算机的时钟周期的微小误差。尽管这种差异是微小的，但在大量的数据传输过程中，这种微小误差的积累足以造成传输的错误。因此，在数据通信中，首先要解决的是收发双方计算机的时钟频率的一致性问题。一般方法是，要求接收端根据发送端发送数据的起止时间和时钟频率，来校正自己的时间基准和时钟频率，这个过程叫位同步。可见，位同步的目的是使接收端接收的每一位信息都与发送端保持同步，是使每个码元得到最佳的解调和判决。

位同步方法

位同步的实现方法也可分为插入导频法和直接法，有时也分别称为外同步法和自同步法。其思想方法与载波同步基本相同，区别在于其处理的对象是数字信号，所要提取的是数字信号的码元周期信息。实际工程中，一般采用直接法，直接法又可具体分为滤波法和锁相环法。

1. 滤波法

滤波法位同步器原理方框图如图 9-6 所示。图中，$r(t)$ 为数字基带通信系统接收滤波器的输出信号，也可以是相干接收机或非相干接收机中低通滤波器的输出信号。$r(t)$ 中无离散谱，必须进行波形转换。

图9-6　滤波法原理图

波形变换器的输出信号 $u_i(t)$ 必须是单极性归零码，窄带带通滤波器将 $u_i(t)$ 中的频率等于码速率的离散谱提取出来。脉冲形成电路将正弦波信号 $u_o(t)$ 变为脉冲序列，再经移相处理后得到位同步信号 $cp(t)$。$cp(t)$ 信号对准眼图的最佳抽样时刻。

波形变换器可由比较器、微分器及整流器构成，波形变换器各单元输出波形示意图如图9-7 所示。

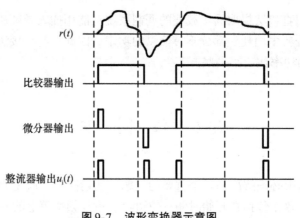

图9-7　波形变换器示意图

（1）若无码间串扰且无噪声，则 $u_i(t)$ 脉冲的上升沿与各码元的起始时间对齐，它的频谱中包含有位同步信号重复频率的离散谱成分，滤波、脉冲形成及移相后可得到较理想的位同步信号。

（2）码间串扰和噪声使位同步器输出的位同步信号在一定范围内抖动。

（3）连1码或连0码个数越多，滤波器输出信号 $u_o(t)$ 的周期和幅度变化越大，位同步信号的相位抖动也越大。因此在基带传输系统中常采用 HDB_3 码，在数字调制传输中常将信号源输出的数字基带信号进行扰码处理，以减少连1码和连0码的个数。

（4）波形变换器输出的单极性归零码的1码概率越大、波形变换器输入噪声功率越小、带通滤波器带宽越小，则用滤波法提取的位同步信号相位抖动越小。

（5）在最佳接收机中，位同步器的输入信号就是接收机的输入信号，位同步器的构造方法视具体情况而定。

2. 锁相环法

（1）模拟锁相环

模拟锁相环要求输入一个正弦信号或周期和幅度不恒定的准正弦信号。环路对此输入信号可等效为一个带通滤波器，其品质因数 $Q = \dfrac{f_s}{B_L}$。其中，f_s 为环路工作频率（即位同步信号重复频率）；B_L 为环路带宽，B_L 正比环路自然谐频率 ω_0。可以通过合理的环路设计，使环路的等效带通滤波器带宽小至几赫兹，从而使位同步信号相位抖动足够小。

（2）数字锁相环

数字锁相环既可由数字电路构成，也可由软件构成或某些部件由软件完成。

常见的数字锁相环位同步器原理方框图如图9-8所示（不包括数字环路滤波器DLF）。

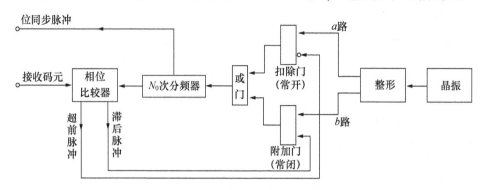

图9-8 数字锁相环位同步器原理

在图9-8中，N_0 次分频器、或门、扣除门和附加门一起构成数控振荡器（DCO）。此环路的基本原理是：相位比较器（鉴相器）输出的两个信号通过控制常开门和常闭门的状态，改变 N_0 次分频器输出信号的周期（一次改变 $2\pi/N_0$），使环路逐步达到锁定状态。

9.3 帧（群）同步

帧同步或群同步关心的是：在数字通信中，接收端如何产生与"码字"、"句"起止时刻一致的定时脉冲序列。群同步信号的频率可由位同步信号分频后得到，问题在于如何确定群同步信号的起止时刻。

帧同步的实现方法通常有两类。

（1）在数字信息流中插入一些特殊码组作为群同步信号起止时刻的标志。

（2）不外加特殊码组，直接利用数据码组本身彼此不同的特性实现自同步。

插入特殊码组实现群同步的方法有两种：连贯式插入法和间隔式插入法。

帧同步码插入方式

1. 集中插入（连贯插入）

连贯式插入法就是在每帧的开头集中插入帧同步码组的方法。作为特殊码组的群同步码组应满足以下条件。

（1）具有尖锐单峰特性的局部自相关函数。

（2）使同步码组识别器尽可能地简单。

PDH中的 A 压缩律 PCM 基群、二次群、三次群、四次群，μ 压缩律 PCM 二次群、三次群、四次群以及 SDH 中各个等级的同步传输模块都采用集中插入式。

2. 分散插入式（间隔插入式）

间隔式插入法是将帧同步码组以分散的方式插入信息码流的方法，即每隔一定数量的信息码元，插入一个帧同步码元。

在该方法中，帧同步码的码型选择的主要原则如下。

（1）帧同步码要具有特定的规律性，即便于接收端识别。

（2）帧同步码的码型要尽可能地与信息码有所区别。

接收端在确定帧同步码位置时，一般可采用搜索检测法，常用的有逐码移位法（串行检测法）和 RAM 帧码检测法（并行检测法）。

n 比特帧同步码分散地插入到 n 帧内，每帧插入 1 比持，μ 压缩律 PCM 基群及 ΔM 系统采用分散插入式。

分散插入式无国际标准，而集中插入式有国际标准：帧同步码出现的周期为帧周期的整数倍，即在每 n 帧（$n \geqslant 1$）的相同位置插入帧同步码。

9.4　网　同　步

在获得了以上讨论的载波同步、位同步、帧同步之后，两点间的数字通信就可以有序、准确、可靠地进行了。然而，随着数字通信的发展，尤其是计算机通信的发展，多个用户之间的通信和数据交换，构成了数字通信网。显然，为了保证通信网内各用户之间可靠地通信和数据交换，全网必须有一个统一的时间标准时钟，这就是网同步的问题。

在数字通信网中，如果在数字交换设备之间的时钟频率不一致，就会使数字交换系统的缓冲存储器中产生码元的丢失和重复，即导致在传输节点中出现滑码。在语音通信中，滑码现象的出现将会导致"喀喇"声；而在视频通信中，滑码则会导致画面定格的现象。为降低滑码率，必须使网络中各个单元使用共同的基准时钟频率，实现各网元之间的时钟同步。常见的网同步方法包括主从同步法、相互同步法、码速调整法、水库法等。

1. 主从同步法

主从同步法是在通信网中某一网元（主站）设置一个高稳定的主时钟，其他各网元（从站）的时钟频率和相位同步于主时钟的频率和相位，并设置延时调整电路，以调整因传输时延造成的相位偏差。主从同步法具有简单、易于实现的优点，被广泛应用于电话通信系统中。在实际引用中，为提高可靠性还可以采用双备份时钟源的设置。各站时钟的频率和相位也可以同步于其他能够提供标准时钟信号的系统，例如 CDMA 2000 系统的空中接口即是采用 GPS 信号进行同步。

2. 相互同步法

相互同步法在通信网内各网元设有独立时钟，它们的固有频率存在一定偏差，各站所使用的时钟频率锁定在网内各站固有频率的平均值上（此平均值将称为网频）。相互同步法的优点是单一网元的故障不会影响其他网元的正常工作。

3. 码速调整法

码速调整法有正码速调整、负码速调整、正负码速调整和正/零/负码速调整四大类。在 PDH 系统中最常用的是正码速调整。

4. 水库法

水库法是依靠通信系统中各站的高稳定度时钟以及大容量的缓冲器，虽然写入脉冲和读出脉冲频率不相等，但缓冲器在很长时间内不会发生"取空"或"溢出"现象，无须进行码速调整。但每隔一个相当长的时间总会发生"取空"或"溢出"现象，因此水库法也需要定期对系统时钟进行校准。

本章小结

数字通信系统是一个同步通信系统。同步对数字通信系统的性能有着重要的影响，同步一旦失效可导致通信中断。所谓同步是使收发两端的信号在时间上步调一致、节拍一致，即建立收发双方信号频率和相位的一致。按同步的作用不同可以分为：载波同步、位同步、帧同步和网同步。

在模拟通信和数字通信中，接收端若采用相干解调，则会出现载波同步的问题。载波同步可采用直接提取法和插入导频法来提取同步信息。直接提取法主要有平方变换法、平方环法和同相正交环法，插入导频法又分为频域插入和时域插入。

位同步又称为码元同步，是数字通信中最基本、最重要的一种同步，是指接收端恢复出的信息序列和发送端的信号序列在重复频率和相位上保持一致。位同步也采用直接法和插入导频法。直接提取法主要有滤波法（分为微分整流法、包络检波法）和数字锁相法，插入导频法主要有插入位定时导频法和双重调制导频插入法。

帧同步的作用是确定每一帧的起始位置，其提取的方法有连贯式插入特殊码字同步法和间隔式插入同步法（逐码移位法）。帧同步的一个特殊问题是帧同步保护问题，帧同步的保护目的是为了防止假失步和伪同步，其实现方法有误差累积法和二次脉冲复选法。帧同步保护对通信系统的连续正常工作十分重要。

对同步信号的要求，除了保证完成系统所要求的同步功能外，还应满足下列要求。
（1）同步信号的产生不能过多地占有发射功率和增加设备的复杂性。
（2）同步信号必须有比信息序列更强的抗干扰性能和高可靠性的传输。
（3）同步信号不能占用过多的信道资源，以免降低有效信息传输速率。

对同步系统的要求是：同步建立时间短、保持时间长、同步误差小、相位抖动小等。锁相环由于具有跟踪、窄带滤波等特性，在同步系统中得到了广泛应用。

课后习题

一、选择题

1. 在点到点的数字通信系统中，不需要的同步是 （　　　）。

   A. 载波同步　　　B. 位同步　　　　　　C. 帧同步　　　　　　　D. 网同步

2. 在一个包含调制信道的数字通信系统中，在接收端三种同步的先后关系为 （　　　）。

   A. 载波同步、位同步、帧同步　　　B. 帧同步、位同步、载波同步

   C. 位同步、帧同步、载波同步　　　D. 载波同步、帧同步、位同步

3. 假设传输通道是理想的，以下码型的数字信号不能采用插入导频法（假设导频为 f_s）来实现位同步的是 （　　　）。

   A. RZ（Return to Zero）　　　　　B. NRZ（Not Return to Zero）

   C. AMI　　　　　　　　　　　　　D. HDB$_3$

4. 一个数字通信系统至少应包括的两种同步是 （　　　）。

   A. 载波同步、位同步　　　　　　　B. 载波同步、网同步

   C. 帧同步、载波同步　　　　　　　D. 帧同步、位同步

二、填空题

1. 位同步的方法主要有_____和_____。

2. 假设采用插入导频法来实现位同步，对于 NRZ 码其插入的导频频率应为_____，对于 RZ 码其插入的导频频率应为_____。

3. 帧同步的方法主要有：起止式同步法、_____和_____。

4. PCM30/32 数字系统采用帧同步方法属于群同步法中的_____法。

5. 在 PCM30/32 数字传输系统中，其接收端在位同步的情况下，首先应进行_____同步，其次再进行_____同步。

6. 载波同步的方法主要有_____和_____。

7. 在数字调制通信系统的接收机中，应先采用_____同步，其次采用_____同步，最后采用_____同步。

8. 网同步的方法主要有：主从同步、相互同步、_____和_____。

三、简答题

1. 什么是载波同步？什么是位同步？

2. 为什么要进行网同步？

通信故事

电话交换机的发明

美国人贝尔和格雷在发明电话机的同时，还设计了电话交换机。1878 年，世界上第一台人工电话交换机正式投入使用。这种交换机上有许多接线插孔，每个接线插孔上都挂有

写着用户电话号码的呼叫号牌。当用户要呼叫他的受话人时，记有他的电话号码的呼号牌就会从交换台上跌落下来。这时，接线员就会向用户询问受话人的电话号码，然后就用一种两端都有插头的软式连线把受话人和呼叫人的电话线路连接起来。为了随时了解电话是否打完，以便及时拔出插头，发明者还设计了监听分路。这种交换机有许多弊病，其中最明显的缺陷是：工作效率低和保密性差。

1891 年，一种新式的交换机问世——自动电话交换机。这种自动交换系统可以接通99 个用户。用户操纵电话机上的两个按钮完成自动交换。需要寻找受话人时，按照对方的电话号码按动这两个按钮，自动交换机里的一个金属杆就会运动，自动接通受话人的线路。通话结束后，金属杆自动复位。

自动电话交换机的发明人是美国人史端乔。令人惊奇的是，这位发明家不是专业电器研究者，而是一名专门承办丧葬的生意人，一个殡仪馆老板。他踏实能干、头脑灵活、待人热情，因此生意兴隆。同行非常嫉妒他，尤其是斜对面那家，门可罗雀，生意冷清。不管同行如何处心积虑地想要击败他，史端乔都对自己充满信心。但奇怪的是，没过多久史端乔的生意越来越差，而对面那家的生意却越来越好。史端乔开始琢磨起来，难道他们的货更物美价廉？难道他们的服务质量有所提高？史端乔百思不得其解，一时不知如何是好。一天，一个客户上门投诉。史端乔很纳闷，因为没有给这家送过货。但客户坚持说买的是他的货，史端乔又是查询电话簿，又是让客户辨认他的员工，没有结果。后来，事情终于水落石出。原来，电话局里的一个接线生得了斜对面棺材店老板的好处，把史端乔的业务全部接到对面去了。那时，电信管理水平很差，也没有立法，史端乔对这种现象毫无办法。他想，要是能实现电话自动转换就好了。史端乔很为自己的想法兴奋，他查阅了大量的书籍，又虚心地请教这方面的专家，终于发明了世界上第一台自动电话交换机。

史端乔是明智的，他没有用别人的错误来惩罚自己。怨天尤人，郁闷生气，这只能浪费时间，根本解决不了任何问题。倒是他善于利用别人的错误，进一步思考问题，更加证明了自己的优秀和能力。

为了纪念史端乔的功绩，人们称这种电话交换机为"史端乔交换机"。"史端乔交换机"的发明打开了通向自动交换的大门。史端乔交换机的核心部分叫"上升螺旋选择器"。由于上升螺旋选择器也叫"步进器"，因此"史端乔交换机"也叫"步进制交换机"。

第 10 章 最佳接收

本章简介

一个通信系统的质量优劣在很大程度上取决于接收系统的性能。这是因为，影响信息可靠传输的不利因素将直接作用到接收端，对信号接收产生影响。这就涉及通信理论中一个重要的问题：最佳接收或信号接收最佳化。

众所周知，信号统计检测所研究的主要问题可以归纳为三类。

第一类是假设检验问题，它所研究的问题是在噪声中判决有用信号是否出现。

第二类是参数估值问题，它所研究的问题是在噪声干扰的情况下以最小的误差定义对信号的参量做出估计。

第三类是信号滤波，它所研究的问题是在噪声干扰的情况下以最小的误差定义连续地将信号过滤出来。

所谓最佳，是指在某种标准下系统性能达到最佳，最佳标准也称最佳准则。因此，最佳接收是一个相对的概念，在某种准则下的最佳系统，在另外一种准则下就不一定是最佳的。在数字通信中，最常采用的最佳准则是输出信噪比最大准则和差错概率最小准则。本章将分别讨论在这两种准则下的最佳接收问题。

10.1　匹配滤波器

10.1.1　匹配滤波器原理

在数字通信系统中，滤波器是重要部件之一，有两个方面作用：第一是使滤波器输出的有用信号成分尽可能强；第二是抑制信号带外噪声，使滤波器输出的噪声成分尽可能小，减小噪声对信号判决的影响。

通常对最佳线性滤波器的设计有两种准则。

第一种是使滤波器输出的信号波形与发送信号波形之间的均方误差最小，由此而导出的最佳线性滤波器称为维纳滤波器。

第二种是使滤波器输出信噪比在某一特定时刻达到最大，由此而导出的最佳线性滤波器称为匹配滤波器。在数字通信中，匹配滤波器具有更广泛的应用。

抽样判决以前各部分电路可以用一个线性滤波器来等效，接收过程的等效原理图如图 10-1 所示。

在图 10-1 中，$s(t)$ 为输入数字信号，信道特性为加性高斯白噪声信道，$n(t)$ 为加性高斯白噪声，$H(\omega)$ 为滤波器传输函数。

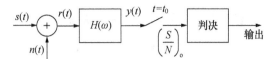

图 10-1　数字信号接收等效原理图

10.1.2　匹配滤波传输函数

抽样判决器输出数据正确与否，只取决于抽样时刻信号的瞬时功率与噪声平均功率之比，即信噪比。信噪比越大，错误判决的概率就越小。当选择滤波器传输特性使输出信噪比达到最大值时，该滤波器就称为输出信噪比最大的最佳线性滤波器。下面就来分析当滤波器具有什么样的特性时才能使输出信噪比达到最大。

设输出信噪比最大的最佳线性滤波器的传输函数为 $H(\omega)$，滤波器输入信号与噪声的合成波为

$$r(t) = s(t) + n(t) \tag{10-1}$$

在式 (10-1) 中，$s(t)$ 为输入数字信号，其频谱函数为 $S(\omega)$；$n(t)$ 为高斯白噪声，其双边功率谱密度为 $\dfrac{n_0}{2}$。滤波器输出也由输出信号和输出噪声两部分组成，即

$$y(t) = s(t) + n(t) \tag{10-2}$$

在式 (10-2) 中，输出信号的频谱函数为 $S_o(\omega)$，其对应的时域信号为

$$s_o(t) = \frac{1}{2\pi}\int_{-\infty}^{\infty} S_0(\omega)\mathrm{e}^{\mathrm{j}\omega t}\mathrm{d}\omega = \frac{1}{2\pi}\int_{-\infty}^{\infty} S(\omega)H(\omega)\mathrm{e}^{\mathrm{j}\omega t}\mathrm{d}\omega \tag{10-3}$$

滤波器输出噪声的平均功率为

$$N_o = \frac{1}{2\pi}\int_{-\infty}^{\infty} P_{n_0}(\omega)\mathrm{d}\omega = \frac{1}{2\pi}\int_{-\infty}^{\infty} P_{n_i}(\omega)\,|H(\omega)|^2\mathrm{d}\omega = \frac{1}{2\pi}\int_{-\infty}^{\infty} \frac{n_0}{2}|H(\omega)|^2\mathrm{d}\omega$$

$$= \frac{n_0}{4\pi}\int_{-\infty}^{\infty} |H(\omega)|^2\mathrm{d}\omega \tag{10-4}$$

在抽样时刻 t_0，线性滤波器输出信号的瞬时功率与噪声平均功率之比为

$$r_o = \frac{|s_o(t_0)|^2}{N_o} = \frac{\left|\dfrac{1}{2\pi}\displaystyle\int_{-\infty}^{\infty} H(\omega)S(\omega)\mathrm{e}^{\mathrm{j}\omega t_0}\mathrm{d}\omega\right|^2}{\dfrac{n_0}{4\pi}\displaystyle\int_{-\infty}^{\infty} |H(\omega)|^2\mathrm{d}\omega} \tag{10-5}$$

滤波器输出信噪比 r_o 与输入信号的频谱函数 $S(\omega)$ 和滤波器的传输函数 $H(\omega)$ 有关。在输入信号给定的情况下，输出信噪比 r_o 只与滤波器的传输函数 $H(\omega)$ 有关。使输出信噪比 r_0 达到最大的传输函数 $H(\omega)$ 就是我们所要求的最佳滤波器的传输函数。

根据施瓦兹不等式可以得到

$$r_o = \frac{\left|\dfrac{1}{2\pi}\displaystyle\int_{-\infty}^{\infty} H(\omega)S(\omega)\mathrm{e}^{\mathrm{j}\omega t_0}\mathrm{d}\omega\right|^2}{\dfrac{n_0}{4\pi}\displaystyle\int_{-\infty}^{\infty} |H(\omega)|^2\mathrm{d}\omega} \leqslant \frac{\dfrac{1}{4\pi^2}\displaystyle\int_{-\infty}^{\infty} |H(\omega)|^2\mathrm{d}\omega\displaystyle\int_{-\infty}^{\infty} |S(\omega)\mathrm{e}^{\mathrm{j}\omega t_0}|^2\mathrm{d}\omega}{\dfrac{n_0}{4\pi}\displaystyle\int_{-\infty}^{\infty} |H(\omega)|^2\mathrm{d}\omega}$$

$$= \frac{\dfrac{1}{4\pi}\displaystyle\int_{-\infty}^{\infty} |S(\omega)|^2\mathrm{d}\omega}{\dfrac{n_0}{4}} \tag{10-6}$$

根据帕塞瓦尔定理，由线性滤波器所能给出的最大输出信噪比为 $r_{\text{omax}} = \dfrac{2E}{n_0}$。

根据施瓦兹不等式中等号成立的条件 $X(\omega) = KY(\omega)$，则可得不等式（10-6）中等号成立的条件为

$$H(\omega) = KS^*(\omega)\ \mathrm{e}^{-\mathrm{j}\omega t_0}。$$

式中，K 是不为零常数，通常可选择为 $K = 1$。该滤波器在给定时刻 t_0 能获得最大输出信噪比 $\dfrac{2E}{n_0}$。这种滤波器的传输函数除相乘因子 $K\mathrm{e}^{-\mathrm{j}\omega t_0}$ 外与信号频谱的复共轭相一致，所以称该滤波器为匹配滤波器。

10.1.3　匹配滤波器单位冲激响应

从匹配滤波器传输函数 $H(\omega)$ 所满足的条件，可以得到

$$h(t) = \frac{1}{2\pi}\int_{-\infty}^{\infty} H(\omega)\,\mathrm{e}^{\mathrm{j}\omega t}\,\mathrm{d}\omega = Ks(t_0 - t) \tag{10-7}$$

即匹配滤波器的单位冲激响应为

$$h(t) = Ks(t_0 - t) \tag{10-8}$$

式（10-8）表明，匹配滤波器的单位冲激响应 $h(t)$ 是输入信号 $s(t)$ 的镜像函数，t_0 为输出最大信噪比时刻，如图 10-2 所示。

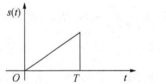 

图 10-2　匹配滤波器单位冲激响应产生原理

对于因果系统，匹配滤波器的单位冲激响应 $h(t)$ 应满足

$$h(t) = \begin{cases} Ks(t_0 - t) & t \geqslant 0 \\ 0 & t < 0 \end{cases} \tag{10-9}$$

为了满足式（10-9）的条件，必须有

$$s(t_0 - t) = 0, t < 0 \tag{10-10}$$

$$s(t) = 0, t_0 - t < 0 \text{ 或 } t > t_0 \tag{10-11}$$

式（10-10）和式（10-11）条件说明，对于一个物理可实现的匹配滤波器，其输入信号必须在它输出最大信噪比的时刻 t_0 之前结束。也就是说，若输入信号在 T 时刻结束，则对物理可实现的匹配滤波器，$t_0 \geqslant T$。对于接收机来说，t_0 是时间延时，通常总是希望时间延时尽可能小，因此一般情况可取 $t_0 = T$。

10.1.4　匹配滤波器输出

匹配滤波器的输出信号为

$$s_0(t) = s(t) \times h(t) = \int_{-\infty}^{\infty} s(t - \tau)h(\tau)\,\mathrm{d}\tau = \int_{-\infty}^{\infty} s(t - \tau)Ks(t_0 - \tau)\,\mathrm{d}\tau \tag{10-12}$$

令 $t_0 - \tau = x$，有

$$s_0(t) = K\int_{-\infty}^{\infty} s(x)s(x+t-t_0)\,\mathrm{d}x = KR(t-t_0) \qquad (10\text{-}13)$$

在式（10-13）中，$R(t)$ 为输入信号的自相关函数。式（10-13）表明，匹配滤波器的输出波形是输入信号自相关函数的 K 倍。因此，匹配滤波器可以看成是一个计算输入信号自相关函数的相关器，其在 t_0 时刻得到最大输出信噪比 $r_{\mathrm{omax}} = \dfrac{2E}{n_0}$。由于输出信噪比与常数 K 无关，所以通常取 $K=1$。

10.2　最小差错概率接收准则

匹配滤波器是以抽样时刻信噪比最大为标准，构造接收机结构。而在数字通信中，人们更关心判决输出的数据正确率。因此，使输出总误码率最小的最小差错概率准则，更适合作为数字信号接收的准则。为了便于讨论最小差错概率的最佳接收机，首先需要建立数字信号接收的统计模型。

10.2.1　数字信号接收的统计模型

数字通信系统的统计模型如图 10-3 所示。图中消息空间、信号空间、噪声空间、观察空间、判决空间分别代表消息、发送信号、噪声、接收信号波形及判决结果的所有可能状态的集合。

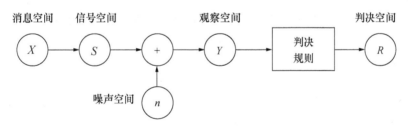

图 10-3　数字通信系统的统计模型

1. 消息空间统计特性

在数字通信系统中，消息是离散的状态，设消息的状态集合为

$$X = \{x_1, x_2, \ldots, x_m\} \qquad (10\text{-}14)$$

若消息集合中每一状态的发送是统计独立的，第 i 个状态 x_i 的出现概率为 $P(x_i)$，则消息 X 的一维概率分布为

$$\begin{pmatrix} x_1 & x_2 & \ldots & x_m \\ P(x_1) & P(x_2) & \ldots & P(x_m) \end{pmatrix} \qquad \sum_{i=1}^{m} P(x_i) = 1 \qquad (10\text{-}15)$$

若消息各状态 $\{x_1, x_2, \ldots, x_m\}$ 出现的概率相等，则有

$$P(x_1) = P(x_2) = \ldots = P(x_m) = \frac{1}{m} \tag{10-16}$$

2. 信号空间统计特性

消息是各种物理量，需要将消息变换为相应的电信号 $s(t)$，用参数 S 来表示。

设消息 x_i 与信号 s_i（$i = 1, 2, \ldots, m$）相对应。这样，信号集合 S 也由 m 个状态所组成，即

$$S = \{s_1, s_2, \ldots, s_m\} \tag{10-17}$$

而且信号集合各状态出现的概率与消息集合各状态出现的概率相等，即

$$P(s_1) = P(x_1), P(s_2) = P(x_2), \ldots, P(s_m) = P(x_m)$$

同时也有
$$\sum_{i=1}^{m} P(s_i) = 1 \tag{10-18}$$

若消息各状态出现的概率相等，则有

$$P(s_1) = P(s_2) = \ldots = P(s_m) = \frac{1}{m} \tag{10-19}$$

$P(s_i)$ 是描述信号发送概率的参数，通常称为先验概率，它是信号统计检测的第一数据。

3. 噪声空间统计特性

信道特性是加性高斯噪声信道，噪声空间 n 是加性高斯噪声。

$$f(n) = f(n_1, n_2, \ldots, n_k) \tag{10-20}$$

在式（10-20）中，n_1，n_2，$\ldots$，n_k 为噪声 n 在各时刻的可能取值。

若噪声是高斯白噪声，则它在任意两个时刻上得到的样值都是互不相关的，同时也是统计独立的；若噪声是带限高斯型的，按抽样定理对其抽样，则它在抽样时刻上的样值也是互不相关的，同时也是统计独立的。噪声维联合概率密度函数等于其 k 个一维概率密度函数的乘积，即

$$f(n_1, n_2, \ldots, n_k) = f(n_1) f(n_2) \ldots f(n_k) \tag{10-21}$$

在式（10-21）中，$f(n_i)$ 是噪声 n 在时刻 i 取值的一维概率密度函数，若 n_i 的均值为零，方差为 σ_n^2，则其一维概率密度函数为

$$f(n_i) = \frac{1}{2\pi\sigma_n} \exp\left\{ -\frac{n_i^2}{2\sigma_n^2} \right\} \tag{10-22}$$

噪声 n 的 k 维联合概率密度函数为

$$f(n) = \frac{1}{(\sqrt{2\pi}\sigma_n)^k} \exp\left\{ -\frac{1}{2\sigma_n^2} \sum_{i=1}^{k} n_i^2 \right\} \tag{10-23}$$

根据帕塞瓦尔定理，当 k 很大时有

$$\frac{1}{2\sigma^2} \sum_{i=1}^{k} n_i^2 = \frac{1}{n_0} \int_0^T n^2(t) \, dt \tag{10-24}$$

在式（10-24）中，$n_0 = \frac{\sigma_n^2}{f_H}$ 为噪声的单边功率谱密度，代入式（10-23）可得

$$f(n) = \frac{1}{(\sqrt{2\pi}\sigma_n)^k} \exp\left\{ -\frac{1}{n_0} \int_0^T n^2(t) \, dt \right\} \tag{10-25}$$

4. 观察空间统计特性

观察空间的观察波形为 $y = n + s$，在观察期间 T 内观察波形为

$$y(t) = n(t) + s_i(t) \quad (i = 1, 2, \dots, m) \tag{10-26}$$

当出现信号 $s_i(t)$ 时，$y(t)$ 的概率密度函数 $f_{s_i}(y)$ 可表示为

$$f_{s_i}(y) = \frac{1}{(\sqrt{2\pi}\sigma_n)^k} \exp\left\{ -\frac{1}{n_0} \int_0^T [y(t) - s_i(t)]^2 dt \right\} \quad (i = 1, 2, \dots, m) \tag{10-27}$$

$f_{s_i}(y)$ 称为似然函数，它是信号统计检测的第二数据。根据 $y(t)$ 的统计，按照某种准则，即可对 $y(t)$ 做出判决，判决空间中可能出现的状态 r_1，r_2，…，r_m 与信号空间中的各状态 s_1，s_2，…，s_m 相对应。

10.2.2　最佳接收准则

在数字通信系统中，最直观且最合理的准则是"最小差错概率"准则。由于在传输过程中，信号会受到畸变和噪声的干扰，因此在发送信号 $s_i(t)$ 时不一定能判决为 r_i 出现。

在二进制数字通信系统中发送信号只有两种状态，假设发送信号 $s_1(t)$ 和 $s_2(t)$ 的先验概率分别为 $P(s_1)$ 和 $P(s_2)$，$s_1(t)$ 和 $s_2(t)$ 在观察时刻的取值分别为 a_1 和 a_2，则出现 $s_1(t)$ 信号时 $y(t)$ 的概率密度函数 $f_{s1}(y)$ 为

$$f_{s_1}(y) = \frac{1}{(\sqrt{2\pi}\sigma_n)^k} \exp\left\{ -\frac{1}{n_0} \int_0^T [y(t) - a_1]^2 dt \right\} \tag{10-28}$$

同理，出现 $s_2(t)$ 信号时 $y(t)$ 的概率密度函数 $f_{s_2}(y)$ 为

$$f_{s_2}(y) = \frac{1}{(\sqrt{2\pi}\sigma_n)^k} \exp\left\{ -\frac{1}{n_0} \int_0^T [y(t) - a_2]^2 dt \right\} \tag{10-29}$$

$f_{s_1}(y)$ 和 $f_{s_2}(y)$ 的曲线如图 10-4 所示。

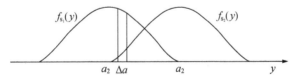

图 10-4　$f_{s_1}(y)$ 和 $f_{s_2}(y)$ 的曲线图

对于二进制数字传输系统，其发送的信号若为 $s_1(t)$ 和 $s_2(t)$，则错误判决的差错概率为：

$$P_e = P(s_1)P(\gamma_2/s_1) + P(s_2)P(\gamma_1/s_2) \tag{10-30}$$

其中，$P(s_i)$ 表示发送 s_i 的先验概率；$P(\gamma_j/s_i)$ 表示发送 s_i，y 落入 γ_j 而误判的概率。i，$j = 1$，2。

因为正确判决概率

$$P_c = 1 - P_e = P(s_1)P(\gamma_1/s_1) + P(s_2)P(\gamma_2/s_2) \tag{10-31}$$

由 $f_{s_i}(y) = \dfrac{1}{(\sqrt{2\pi}\sigma_n)^k} \exp\left\{ -\dfrac{1}{n_0} \int_0^T [y(t) - s_i(t)]^2 dt \right\}$ 可知，

$$P(\gamma_1/s_1) = \int_{\gamma_1} f_{s_1}(y)\,dy = \int_{-\infty}^{\gamma} f_{s_1}(y)\,dy \tag{10-32}$$

$$P(\gamma_2/s_2) = \int_{\gamma_2} f_{s_2}(y)\,dy = \int_{\gamma}^{+\infty} f_{s_2}(y)\,dy = 1 - \int_{-\infty}^{\gamma} f_{s_2}(y)\,dy = 1 - \int_{\gamma_1} f_{s_2}(y)\,dy = 1 - P(\gamma_1/s_2) \tag{10-33}$$

所以，$P_c = P(s_1)P(\gamma_1/s_1) + P(s_2)P(\gamma_2/s_2)$

$$= P(s_1)P(\gamma_1/s_1) + P(s_2)[1 - P(\gamma_1/s_2)] = P(s_2) + \int_{\gamma_1}[P(s_1)f_{s_1}(y) - P(s_2)f_{s_2}(y)]\,dy \tag{10-34}$$

注意：$\int_{\gamma_1}[P(s_1)f_{s_1}(y) - P(s_2)f_{s_2}(y)]\,dy$ 表示判决为 s_1 的概率。

$$\mathrm{Min}[P_e] \Rightarrow \mathrm{Max}[P_c] \Rightarrow \mathrm{Max}\left\{\int_{\gamma_1}[P(s_1)f_{s_1}(y) - P(s_2)f_{s_2}(y)]\,dy\right\}$$

即，在判决域 γ_1 内

$$P(s_1)f_{s_1}(y) - P(s_2)f_{s_2}(y) > 0，故有$$

$$\frac{f_{s_1}(y)}{f_{s_2}(y)} > \frac{P(s_2)}{P(s_1)}，判决为 s_1，由此可知$$

$$\frac{f_{s_1}(y)}{f_{s_2}(y)} < \frac{P(s_2)}{P(s_1)}，判决为 s_2。$$

通常将 $\dfrac{f_{s_1}(y)}{f_{s_2}(y)}$ 称为似然比，$\dfrac{P(s_2)}{P(s_1)}$ 称为判决门限。由上述判决空间划分得到的边界点 γ 应满足 $\dfrac{f_{s_1}(\gamma)}{f_{s_2}(\gamma)} = \dfrac{P(s_2)}{P(s_1)}$。

若 $P(s_1) = P(s_2)$，则
$$\begin{cases} f_{s_1}(y) > f_{s_2}(y)，判决为 s_1 \\ f_{s_1}(y) < f_{s_2}(y)，判决为 s_2 \end{cases} \tag{10-35}$$

该判决规则称为最大似然准则。

对于多进制数字系统，若 $P(s_1) = P(s_2) = \ldots = P(s_m) = 1/m$，则最大似然准则为
$$f_{s_i}(y) > f_{s_j}(y)，判决为 s_i$$
其中 $i, j = 1, 2, \ldots, m$；$i \neq j$。

10.3　二进制确知信号的最佳接收机

设到达接收机的两个可能确知信号为 $s_1(t)$ 和 $s_2(t)$，其持续时间均为 $(0, T)$，先验概率分别为 $P(s_1)$ 和 $P(s_2)$，且能量相等。接收机输入端噪声 $n(t)$ 为零均高斯白噪声，其单边功率谱密度为 n_0。观测到的信号为 $y(t) = \{s_1(t)$ 或 $s_2(t)\} + n(t)$，$t \in (0, T)$。

问题：如何由观测到的信号，以最小错误概率检测信号？

由
$$\begin{cases} f_{s_i}(y) = \dfrac{1}{(\sqrt{2\pi}\sigma_n)^k}\exp\left\{-\dfrac{1}{n_0}\int_0^T[y(t)-s_i(t)]^2\mathrm{d}t\right\} & i = 1,2 \\[3mm] 判决规则：\dfrac{f_{s_1}(y)}{f_{s_2}(y)} > \dfrac{P(s_2)}{P(s_1)}，判决为 s_1 \end{cases}$$
可得，

$$\frac{f_{s_1}(y)}{f_{s_2}(y)} = \exp\left\{-\frac{1}{n_0}\int_0^T[y(t)-s_1(t)]^2\mathrm{d}t + \frac{1}{n_0}\int_0^T[y(t)-s_2(t)]^2\mathrm{d}t\right\}$$

$$= \exp\left\{\frac{2}{n_0}\int_0^T[y(t)s_1(t)-y(t)s_2(t)]\mathrm{d}t\right\} > \frac{P(s_2)}{P(s_1)}，判决为 s_1$$

其中，$\int_0^T s_1(t)^2\mathrm{d}t = \int_0^T s_2(t)^2\mathrm{d}t = E$。两边取对数整理可得，发送信号能量相等时，接收机的判决规则为：$U_1 + \int_0^T y(t)s_1(t)\mathrm{d}t > U_2 + \int_0^T y(t)s_2(t)\mathrm{d}t$，判决为 s_1，否则判决为 s_2。

其中，
$$\begin{cases} U_1 = \dfrac{n_0}{2}\ln P(s_1) \\[3mm] U_2 = \dfrac{n_0}{2}\ln P(s_2) \end{cases}$$
当 $P(s_1) = P(s_2)$ 时，$U_1 = U_2$。接收机的结构如图 10-5 所示，该结构的接收机也称为相关接收机。

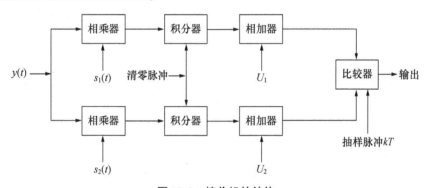

图 10-5　接收机的结构

10.4　实际接收系统与最佳接收系统的性能比较

相干解调 2PSK
$$\begin{cases} 实际接收系统\ P_e = \dfrac{1}{2}\mathrm{erfc}\left(\sqrt{\dfrac{S}{N}}\right) \\[4mm] 最佳接收系统\ P_e = \dfrac{1}{2}\mathrm{erfc}\left(\sqrt{\dfrac{E_b}{n_0}}\right) \end{cases}$$

相干解调 2FSK
$$\begin{cases} 实际接收系统\ P_e = \dfrac{1}{2}\mathrm{erfc}\left(\sqrt{\dfrac{S}{2N}}\right) \\[4mm] 最佳接收系统\ P_e = \dfrac{1}{2}\mathrm{erfc}\left(\sqrt{\dfrac{E_b}{2n_0}}\right) \end{cases}$$

$$相干解调 2ASK \begin{cases} 实际接收系统\ P_e = \dfrac{1}{2}\mathrm{erfc}\left(\sqrt{\dfrac{S}{4N}}\right) \\[3mm] 最佳接收系统\ P_e = \dfrac{1}{2}\mathrm{erfc}\left(\sqrt{\dfrac{E_b}{4n_0}}\right) \end{cases}$$

$$非相干解调 2FSK \begin{cases} 实际接收系统\ P_e = \dfrac{1}{2}\exp\left(-\dfrac{S}{2N}\right) \\[3mm] 最佳接收系统\ P_e = \dfrac{1}{2}\exp\left(\dfrac{E_b}{2n_0}\right) \end{cases}$$

$r = \dfrac{S}{N} = \dfrac{S}{n_0 B}$，即实际系统输入接收机的信号平均功率 S 与带通滤波器的输出功率 $n_0 B$ 之比，其中，B 为带通滤波器的等效矩形带宽；$\dfrac{E_b}{n_0} = \dfrac{ST}{n_0} = \dfrac{S}{n_0/T}$，即最佳系统在观测时间 $(0，T)$ 内的有用信号能量 ST 与白噪声的单边功率谱密度 n_0 之比，其中，$\dfrac{1}{T}$ 表示基带数字信号的重复频率。（因为 T 一般定为码元宽度）由此可知，若要使实际接收系统成为最佳接收系统，则必须满足下列关系：$B = \dfrac{1}{T}$。

因此，对于矩形基带信号，$\dfrac{1}{T}$ 频率点就是频谱的第一个零点。若带通滤波器的带宽 $B = \dfrac{1}{T}$，则必然会使信号严重失真。因为对于已调信号的带宽至少是基带信号带宽的两倍，所以实际接收系统带通滤波器的带宽 B 总要大于 $\dfrac{1}{T}$，即 $B > \dfrac{1}{T}$；而实际接收系统的性能总是比最佳接收系统的差，其差值取决于 B 与 $\dfrac{1}{T}$ 的比值。

由以上分析还可以得出另一个结论：若要使实际接收系统和最佳接收系统的误码率保持一致，则可以通过增加实际接收系统的输入信噪比。其方法是增加有用信号的发射功率，以抵消由于实际系统带通滤波器的带宽大于 $\dfrac{1}{T}$ 而引入的噪声功率。例如，设二进制 ASK、PSK 信号，已知基带信号的频谱如图 10-6 所示。

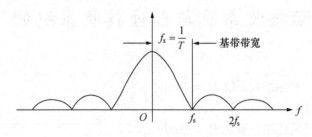

图 10-6　基带信号的频谱

其中，$f_s = \dfrac{1}{T}$，是指以基带信号频谱第一零点定义的带宽；$2f_s = \dfrac{2}{T}$，是指以基带信号频谱第二零点定义的带宽。已调信号频谱如图 10-7 所示。

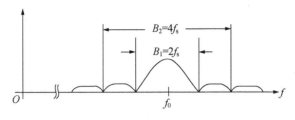

图 10-7　已调信号频谱

（1）如果实际接收系统的带通滤波器只让有用信号第一零点的频谱通过，则实际系统的信噪比为：

$$r = \frac{S}{N} = \frac{S}{n_0 B_1} = \frac{S}{n_0 2f_s} = \frac{ST}{n_0 2}$$

对应的电平数（dB）为

$$10\log r = 10\log \frac{ST}{n_0 2} = 10\log \frac{ST}{n_0} - 10\log 2 = 10\log \frac{ST}{n_0} - 3$$

因为 $10\log \frac{ST}{n_0} = 10\log \frac{E_b}{n_0}$，由此可知：由于实际系统带通滤波器的带宽 $B_1 = 2 \times \frac{1}{T} > \frac{1}{T}$ 引入的噪声功率，使得实际系统的输入信噪比与最佳接收系统的信噪比减少了 3 dB。因此，若要使实际接收系统和最佳接收系统的误码率保持一致，则实际系统的输入信噪比只要增加 3 dB 就可以了。

（2）如果实际接收系统的带通滤波器只让有用信号第二零点的频谱通过，则实际系统的信噪比为

$$r = \frac{S}{N} = \frac{S}{n_0 B_2} = \frac{S}{n_0 4f_s} = \frac{ST}{n_0 4}$$

对应的电平数（dB）为

$$10\log r = 10\log \frac{ST}{n_0 4} = 10\log \frac{ST}{n_0} - 10\log 4 = 10\log \frac{ST}{n_0} - 6$$

因为 $10\log \frac{ST}{n_0} = 10\log \frac{E_b}{n_0}$，由此可知：由于实际系统带通滤波器的带宽 $B_2 = 4 \times \frac{1}{T} > \frac{1}{T}$ 引入的噪声功率，使得实际系统的输入信噪比与最佳接收系统的信噪比减少了 6 dB。因此，若要使实际接收系统和最佳接收系统的误码率保持一致，则实际系统的输入信噪比只要增加 6 dB 就可以了。

本章小结

本章先介绍了数字通信的统计模型，进而介绍了接收的基本原理，简单介绍了数字信号和确知信号的最佳接收理论，最后简单介绍了实际接收系统与最佳接收系统的性能比较。

 **课后习题**

简答题

1. 简述数字通信的统计模型。
2. 什么是相关接收？

 **通信故事**

基尔比和集成电路

美国工程师杰克·基尔比曾经工作过的德州仪器公司董事会主席汤姆·恩吉布斯是这样评价他的："我认为，有几个人的工作改变了整个世界以及我们的生活方式——亨利·福特、托马斯·爱迪生、莱特兄弟，还有杰克·基尔比。如果说有一项发明不仅革新了我们的工业，并且改变了我们生活的世界，那就是基尔比发明的集成电路。"

1947 年，伊利诺斯大学毕业生杰克·基尔比怀着对电子技术的浓厚兴趣，在威斯康星州的密尔沃基找了份工作，为一个电子器件供应商制造收音机、电视机和助听器的部件。工作之余，他在威斯康星大学上电子工程学硕士班夜校。当然，工作和上课的双重压力对基尔比来说可算是一个挑战，但他说："这件事能够做到，且它的确值得去努力。"取得硕士学位后，基尔比与妻子迁往克萨斯州的达拉斯市，供职于德州仪器公司，因为它是唯一允许他差不多把全部时间用于研究电子器件微型化的公司，给他提供了大量的时间和不错的实验条件。基尔比生性温和，寡言少语，加上 1.97 m 的身高，被助手和朋友称作"温和的巨人"。正是这个不善于表达的巨人酝酿出了一个巨人式的构思。

当时的德州仪器公司有个传统，炎热的 8 月里员工可以享受双周长假。但是，初来乍到的基尔比却无缘长假，只能待在冷清的车间里独自研究。在这期间，他渐渐形成一个天才的想法：电阻器和电容器（无源元件）可以用与晶体管（有源器件）相同的材料制造。另外，既然所有元器件都可以用同一块材料制造，那么这些部件可以先在同一块材料上就地制造，再相互连接，最终形成完整的电路。他选用了半导体硅。"我坐在桌子前，待的时间好像比平常晚一点。"他在 1980 年接受采访时回忆说，"整个构想其实在当天就已大致成形，接着我将所有想法整理出来，并在笔记本上画出了一些设计图。等到主管回来后，我就将这些设计图拿给他看。当时虽然有些人略有怀疑，但他们基本上都了解这项设计的重要性。"那一天，公司的主管来到实验室，和这个巨人一起接通了测试线路。试验成功了。德州仪器公司很快宣布他们发明了集成电路，基尔比为此申请了专利。当时，他也许并没有真正意识到这项发明的价值。在获得诺贝尔奖后，他说："我知道我发明的集成电路对于电子产业非常重要，但我从来没有想到它的应用会像今天这样广泛。"

集成电路取代了晶体管，为开发电子产品的各种功能铺平了道路，并且大幅度降低了成本，第三代电子器件从此登上舞台。它的诞生，使微处理器的出现成为了可能，也使计算机变成普通人可以亲近的日常工具。集成技术的应用，催生了更多方便快捷的电子产品，比如常见的手持电子计算器，就是基尔比继集成电路之后的一个新发明。直到今天，硅材料仍然是我们电子器件的主要材料。在 2000 年，集成电路问世 42 年以后，人们终于了解到基尔比和他的发明的价值，他被授予了诺贝尔物理学奖。诺贝尔奖评审委员会这样评价基尔比：“为现代信息技术奠定了基础。”

1959 年，仙童半导体公司的罗伯特·罗伊斯申请了更为复杂的硅集成电路，并马上投入了商业领域。但基尔比首先申请了专利，因此，罗伊斯被认为是集成电路的共同发明人。罗伊斯于 1990 年去世，与诺贝尔奖擦肩而过。杰克·基尔比相当谦逊，他一生拥有六十多项专利，但在诺贝尔奖获奖发言中，他说：“我的工作可能引入了看待电路部件的一种新角度，并开创了一个新领域，自此以后的多数成果和我的工作并无直接联系。”

第 11 章　交换和路由

本章简介

路由和交换是网络世界中两个重要的概念。传统的交换发生在网络的第二层，即数据链路层，而路由则发生在第三层——网络层。在新的网络中，路由的智能和交换的性能被有机地结合起来，三层交换机和多层交换机在园区网络中大量使用。本章将介绍一些路由和交换的基本概念，分为电路交换、分组交换、IP 路由与软交换四个部分。

11.1　交换技术

1. 交换技术简介

网络交换技术共经历了四个发展阶段——电路交换技术、报文交换技术、分组交换技术和 ATM 技术。公众电话网（PSTN 网）和移动网（包括 GSM 网和 CDMA 网）采用的都是电路交换技术，它的基本特点是采用面向连接的方式，在双方进行通信之前，需要为通信双方分配一条具有固定带宽的通信电路，通信双方在通信过程中将一直占用所分配的资源，直到通信结束，并且在电路的建立和释放过程中都需要利用相关的信令协议。这种方式的优点是在通信过程中可以保证为用户提供足够的带宽，并且实时性强、时延小、交换设备成本较低；但同时带来的缺点是网络的带宽利用率不高，一旦电路被建立，不管通信双方是否处于通话状态，分配的电路都一直被占用。

2. 各种交换技术的优缺点

（1）电路交换

由于电路交换在通信之前要在通信双方之间建立一条被双方独占的物理通路（由通信双方之间的交换设备和链路逐段连接而成），因而有以下优缺点。

优点如下。

① 由于通信线路为通信双方用户专用，数据直达，所以传输数据的时延非常小。

② 通信双方之间的物理通路一旦建立，双方可以随时通信，实时性强。

③ 双方通信时按发送顺序传送数据，不存在失序问题。

④ 电路交换既适用于传输模拟信号，也适用于传输数字信号。

⑤ 电路交换的交换的交换设备（交换机等）及控制均较简单。

缺点如下。

① 电路交换的平均连接建立时间对计算机通信来说过长。

② 电路交换连接建立后，物理通路被通信双方独占，即使通信线路空闲，也不能供其他用户使用，因而信道利用低。

③ 当电路交换时，数据直达，不同类型、不同规格、不同速率的终端很难相互进行通信，也难以在通信过程中进行差错控制。

（2）报文交换

报文交换是以报文为数据交换的单位，报文携带有目标地址、源地址等信息，在交换节点采用存储转发的传输方式，因而有以下优缺点。

优点如下。

① 报文交换不需要为通信双方预先建立一条专用的通信线路，不存在连接建立时延，用户可随时发送报文。

② 由于采用存储转发的传输方式，使之具有下列优点：（a）在报文交换中便于设置代码检验和数据重发设施，加之交换节点还具有路径选择，就可以做到某条传输路径发生故障时，重新选择另一条路径传输数据，提高了传输的可靠性；（b）在存储转发中容易实现代码转换和速率匹配，甚至收发双方可以不同时处于可用状态，这样就便于类型、规格和速度不同的计算机之间进行通信；（c）提供多目标服务，即一个报文可以同时发送到多个目的地址，这在电路交换中是很难实现的；（d）允许建立数据传输的优先级，使优先级高的报文优先转换。

③ 通信双方不是固定占有一条通信线路，而是在不同的时间一段一段地部分占有这条物理通路，因而大大提高了通信线路的利用率。

缺点如下。

① 由于数据进入交换节点后要经历存储、转发这一过程，从而引起转发时延（包括接收报文、检验正确性、排队、发送时间等），而且网络的通信量愈大，造成的时延就愈大，因此报文交换的实时性差，不适合传送实时或交互式业务的数据。

② 报文交换只适用于数字信号。

③ 由于报文长度没有限制，而每个中间节点都要完整地接收传来的整个报文，故当输出线路不空闲时，还可能要存储几个完整报文等待转发，要求网络中每个节点有较大的缓冲区。为了降低成本，减少节点的缓冲存储器的容量，有时要把等待转发的报文存在磁盘上，这进一步增加了传送时延。

（3）分组交换

分组交换仍采用存储转发传输方式，但将一个长报文先分割为若干个较短的分组，然后把这些分组（携带源、目的地址和编号信息）逐个地发送出去，因此分组交换除了具有报文的优点外，与报文交换相比有以下优缺点。

优点如下。

① 加速了数据在网络中的传输。因为分组是逐个传输，可以使后一个分组的存储操作与前一个分组的转发操作并行，这种流水线式传输方式减少了报文的传输时间。此外，传输一个分组所需的缓冲区比传输一份报文所需的缓冲区小得多，这样因缓冲区不足而等待发送的几率及等待的时间也必然少得多。

② 简化了存储管理。因为分组的长度固定，相应的缓冲区的大小也固定，在交换节点中存储器的管理通常被简化为对缓冲区的管理，所以相对比较容易。

③ 减少了出错几率和重发数据量。因为分组较短，其出错几率必然减少，每次重发

的数据量也就大大减少，这样不仅提高了可靠性，也减少了传输时延。

④ 由于分组短小，更适用于采用优先级策略，便于及时传送一些紧急数据，因此对于计算机之间的突发式的数据通信，分组交换显然更为合适些。

缺点如下。

① 尽管分组交换比报文交换的传输时延少，但仍存在存储转发时延，而且其节点交换机必须具有更强的处理能力。

② 分组交换与报文交换一样，每个分组都要加上源地址、目的地址和分组编号等信息，使传送的信息量大约增大 5%～10%，从而在一定程度上降低了通信效率，增加了处理的时间，使控制复杂，时延增加。

③ 当分组交换采用数据报服务时，可能出现失序、丢失或重复分组，分组到达目的节点时，要对分组按编号进行排序等工作，增加了麻烦。若采用虚电路服务，虽无失序问题，但有呼叫建立、数据传输和虚电路释放三个过程。

总之，若要传送的数据量很大，且其传送时间远大于呼叫时间，则采用电路交换较为合适；当端到端的通路有很多段的链路组成时，则采用分组交换传送数据较为合适。从提高整个网络的信道利用率上看，报文交换和分组交换优于电路交换，其中分组交换比报文交换的时延小，尤其适合于计算机之间的突发式的数据通信。

11.2　IP 路 由

1. IP 网络路由技术简介

基于 TCP/IP 协议的 Internet 已逐步发展成为当今世界上规模最大、拥有用户和资源最多的一个超大型计算机网络，TCP/IP 协议也因此成为事实上的工业标准。IP 网络正逐步成为当代乃至未来计算机网络的主流。IP 网络是由通过路由设备互连起来的 IP 子网构成的，这些路由设备负责在 IP 子网间寻找路由，并将 IP 分组转发到下一个 IP 子网。

2. IP 地址

IP 地址是 IP 网络中数据传输的依据，它标识了 IP 网络中的一个连接，一台主机可以有多个 IP 地址。IP 分组中的 IP 地址在网络传输中是保持不变的。

（1）基本地址格式

现在的 IP 网络使用 32 位地址，以点分十进制表示，如 172.16.0.0。地址格式为：IP 地址 = 网络地址 + 主机地址或 IP 地址 = 主机地址 + 子网地址 + 主机地址。

网络地址是由 Internet 权力机构（InterNIC）统一分配的，目的是为了保证网络地址的全球唯一性。主机地址是由各个网络的系统管理员分配的。因此，网络地址的唯一性与网络内主机地址的唯一性确保了 IP 地址的全球唯一性。

（2）保留地址的分配

根据用途和安全性级别的不同，IP 地址还可以大致分为两类：公共地址和私有地址。公共地址在 Internet 中使用，可以在 Internet 中随意访问；私有地址只能在内部网络中使用，只有通过代理服务器才能与 Internet 通信。

　　一个机构或网络要连入 Internet，必须申请公用 IP 地址。但是考虑到网络安全和内部实验等特殊情况，在 IP 地址中专门保留了三个区域作为私有地址，其地址范围如下：

　　10.0.0.0/8：10.0.0.0～10.255.255.255

　　172.16.0.0/12：172.16.0.0～172.31.255.255

　　192.168.0.0/16：192.168.0.0～192.168.255.255

　　使用保留地址的网络只能在内部进行通信，而不能与其他网络互联。因为本网络中的保留地址同样也可能被其他网络使用，如果进行网络互联，那么寻找路由时就会因为地址的不唯一而出现问题。但是这些使用保留地址的网络可以通过将本网络内的保留地址翻译转换成公共地址的方式实现与外部网络的互联。这也是保证网络安全的重要方法之一。

3. 无类域间路由

　　由于每年连入 Internet 的主机数成倍增长，因此 Internet 面临 B 类地址匮乏、路由表爆炸和整个地址耗尽等危机。无类域间路由（CIDR）就是为解决这些问题而开发的一种直接的解决方案，它使 Internet 得到足够的时间来等待新一代 IP 协议的产生。

　　按 CIDR 策略，可采用申请几个 C 类地址取代申请一个单独的 B 类地址的方式来解决 B 类地址的匮乏问题。所分配的 C 类地址不是随机的，而是连续的，它们的最高位相同，即具有相同的前缀，因此路由表就只需用一个表项来表示一组网络地址，这种方法称为"路由表聚类"。

　　另外，除了"路由表聚类"措施外，还可以由每个 ISP 从 InterNIC 获得一段地址空间后，再将这些地址分配给用户。

4. 路由选择技术

　　IP 网络中的路由选择是由路由设备完成的。路由器通过执行一定的路由协议，为 IP 数据报寻找一条到达目的主机或网络的最佳路由，并转发该数据报，实现路由选择。

　　（1）路由协议分类

　　路由选择协议（Routing Protocol），这类协议使用一定的路由算法找出到达目的主机或网络的最佳路径，如 RIP（路由信息协议）等。

　　路由传送协议（Routed Protocol），这类协议沿已选好的路径传送数据报，如通过 IP 协议能将物理连接转变成网络连接，实现网络层的主要功能——路由选择。

　　（2）直连路由与非直连路由

　　IP 协议是根据路由来转发数据的。路由器中的路由有两种：直连路由和非直连路由。

　　路由器各网络接口所直连的网络之间使用直连路由进行通信。直连路由是在配置完路由器网络接口的 IP 地址后自动生成的，因此，如果没有对这些接口进行特殊的限制，这些接口所直连的网络之间就可以直接通信。

　　由两个或多个路由器互连的网络之间的通信使用非直连路由。非直连路由是指人工配置的静态路由或通过运行动态路由协议而获得的动态路由。其中静态路由比动态路由具有更高的可操作性和安全性。

　　IP 网络已经逐渐成为现代网络的标准，用 IP 协议组建网络时，必须使用路由设备将各个 IP 子网互联起来，并且在 IP 子网间使用路由机制，通过 IP 网关互连形成层次性的网际网。

11.3　软　交　换

1. 软交换网络的总体结构

软交换技术采用了电话交换机的先进体系结构，并采用 IP 网终中的 IP 包来承载语音、数据以及多媒体流等多种信息。

一部程控电话交换机可以划分为业务接入、路由选择（交换）和业务控制这三个功能模块，各功能模块通过交换机的内部交换网络连接成一个整体。软交换技术是将上述三个功能模块独立出来，分别由不同的物理实体实现，同时进行了一定的功能扩展，并通过统一的 IP 网络将各物理实体连接起来，构成了软交换网络。

电话交换机的业务接入功能模块对应于软交换网络的边缘接入层，路由选择（交换）功能模块对应于软交换网络的控制层，业务控制模块对应于软交换网络的业务应用层，IP 网络构成了软交换网的核心传送层。

2. 边缘接入层

软交换技术将电话交换机的业务接入模块独立成为一个物理实体，称为媒体网关（MG），MG 功能是采用各种手段将各种用户及业务接入到软交换网络中，MG 完成数据格式和协议的转换，将接入的所有媒体信息流均转换为采用 IP 协议的数据包在软交换网络中传送。

根据 MG 接入的用户及业务不同，MG 可以细分为以下几类。

（1）中继媒体网关（TG）：用于完成与 PSTN/PLMN 电话交换机的中继连接，将电话交换机 PCM 中继中的 64 kbit/s 的语音信号转换为 IP 包。

（2）信令网关（SG）：用于完成与 PSTN/PLMN 电话交换机的信令连接，将电话交换机采用的基于 TDM 电路的七号信令信息转换为 IP 包。

TG 和 SG 共同完成了软交换网与采用 TDMA 电路交换的 PSTN/PLMN 电话网的连接，将 PSTN/PLMN 网中的普通电话用户及其业务接入软交换网中。

（3）接入网关（AG）：提供模拟用户线接口，用于直接将普通电话用户接入到软交换网中，可为用户提供 PSTN 提供的所有业务，如电话业务、拨号上网业务等，它直接将用户数据及用户线信令封装在 IP 包中。

（4）综合接入设备（Integrated Access Device，IAD）：一类 IAD 同时提供模拟用户线和以太网接口，分别用于普通电话机的接入和计算机设备的接入，适用于分别利用电话机使用电话业务、利用计算机使用数据业务的用户；另一类 IAD 仅提供以太网接口，用于计算机设备的接入，适用于利用计算机同时使用电话业务和数据业务的用户，此时需在用户计算机设备中安装专用的"软电话软件"。

（5）多媒体业务网关（Media Servers Access Gateway，MSAG）：用于完成各种多媒体

数据源的信息，将视频与音频混合的多媒体流适配为 IP 包。

（6）H. 323 网关 H. 323 Gateway，H. 323GW）：用于连接采用 H. 323 协议的 IP 电话网网关。

（7）无线接入媒体网关（Wireless Access Gateway，WAG）：用于将无线接入用户连接至软交换网。

可见，AG、TG 和 SG 共同完成了电话交换机的业务接入功能模块的功能，实现了普通 PSTN/PLMN 电话用户的语音业务的接入，并将语音信息适配为适合在软交换网内传送的 IP 包。同时，软交换技术还对业务接入功能进行了扩展，体现在 IAD、MSAG、H. 323GW、WAG 等几类媒体网关。通过各类 MG，软交换网实现了将 PSTN/PLMN 用户、H. 323IP 电话网用户、普通有线电话用户、无线接入用户的语音、数据、多媒体业务的综合接入。

3. 控制层

软交换技术将电话交换机的交换模块独立成为一个物理实体，称为软交换机（SS）。SS 的主要功能是完成对边缘接入层中的所有媒体网关的业务控制及媒体网关之间通信的控制，具体功能如下。

（1）根据业务应用层相关服务器中登记的用户属性，确定用户的业务使用权限，以确定是否接受用户发起的业务请求。

（2）对边缘接入层的各种媒体网关的资源进行控制，控制各个媒体网关资源的使用，并掌握各个媒体网关的资源占用情况，以确定是否有足够的网络通信资源以满足用户所申请的业务要求。

（3）完成呼叫的路由选择功能，根据用户发起业务请求的相关信息，确定哪些媒体网关之间应建立通信连接关系，并通知这些媒体网关之间建立通信连接关系且进行通信，以及确定在通信过程中所采用的信息压缩编码方式、是否启用回声抑制等功能。

（4）对媒体网关之间的通信连接状态进行监视和控制，在用户业务使用完成后，指示相应的媒体网关之间断开通信连接关系。

（5）计费。由于软交换机只是控制业务的接续，而用户之间的数据流是不经过软交换机的，因此软交换机只能实现按接续时长计费，而无法实现按信息量计费。若要求软交换机具备按信息量计费的功能，则要求媒体网关具备针对每个用户的每次使用业务的信息量进行统计的功能，并能够将统计结果传送给软交换机。

（6）与 H. 323 网关的关守（GK）交互路由等消息，以实现软交换网与 H. 323IP 电话网的互通。

4. 业务应用层

软交换技术将电话交换机的业务控制模块独立成为一个物理实体，称为应用服务器（AS）。AS 的主要功能是完成业务的实现，具体功能如下。

（1）存储用户的签约信息，确定用户对业务的使用权限，一般采用专用的用户数据库服务器＋AAA 服务器或智能网 SCP 来实现。

（2）采用专用的应用服务器和智能网 SCP（要求软交换机具备 SSP 功能）来实现 YDN 065-1997《邮电部电话交换设备总技术规范书》中定义的基本电话业务及其补充服

务功能，以及智能网能够提供的电话卡、被叫付费等智能网业务。

（3）采用专用的单个应用服务器或多个应用服务器实现融合语音、数据以及多媒体的业务，灵活地为用户提供各种增值业务和特色业务。

（4）软交换网控制层中的软交换机之间是不分级的，当网络中每增加一个软交换机时，其他所有软交换机必须增加相应的局数据；而这对于网络运营来说，将是极为麻烦的，其解决办法是在业务应用层中设置策略服务器来为软交换机提供路由信息。当然，策略服务器的设置方案将直接影响软交换网络的安全可靠性。

5. 核心传送层

核心传送层实际上就是软交换网的承载网络，其作用和功能就是将边缘接入层中的各种媒体网关、控制层中的软交换机、业务应用层中的各种服务器平台等各个软交换网网元连接起来。

鉴于 IP 网能够同时承载语音、数据、视频等多种媒体信息，同时具有协议简单、终端设备对协议的支持性好且价格低廉的优势，因此软交换网选择了 IP 网作为承载网络。

软交换网中各网元之间均是将各种控制信息和业务数据信息封装在 IP 数据包中，通过核心传送层的 IP 网进行通信。

6. 软交换网中的协议及标准

软交换网络中同层网元之间、不同层网元之间均是通过软交换技术定义的标准协议进行通信的。国际上从事软交换相关标准制定的组织主要是 IETF 和 ITU-T。它们分别从计算机界和电信界的立场出发，对软交换网协议做出了贡献。

（1）媒体网关与软交换机之间的协议

除 SG 外的各媒体网关与软交换机之间的协议有 MGCP 协议和 MEGACO/H. 248 协议两种。

MGCP 协议是在 MEGACO/H. 248 之前的一个版本，它的灵活性和扩展性比不上 MEGACO/H. 248，同时在对多运营商的支持方面也不如 MEGACO/H. 248 协议。

MEGACO/H. 248 实际上是同一个协议的名字，由 IETF 和 ITU 联合开发，IETF 称为 MEGACO，ITU-T 称为 H. 248。MEGACO/H. 248 称为媒体网关控制协议，它具有协议简单、功能强大且扩展性很好的特点。

SG 与软交换机之间采用 SIGTRAN 协议，SIGTRAN 的低层采用 SCTP 协议，为七号信令在 TCP/IP 网上传送提供可靠的连接；高层分为 M2PA、M2UA、M3UA。由于 M3UA 具有较大的灵活性，因此目前应用较为广泛。SIGTRAN/SCTP 协议的根本功能在于将 PSTN 中基于 TDM 的七号信令通过 SG 以 IP 网作为承载传至软交换机，由软交换机完成对七号信令的处理。

（2）软交换机之间的协议

当需要由不同的软交换机控制的媒体网关进行通信时，相关的软交换机之间需要通信，软交换机与软交换机之间的协议有 BICC 协议和 SIP-T 协议两种。

BICC 协议是 ITU-T 推荐的标准协议，它主要是将原七号信令中的 ISUP 协议进行封装，对多媒体数据业务的支持存在一定不足。SIP-T 是 IETF 推荐的标准协议，它主要是对原 SIP 协议进行扩展，属于一种应用层协议。SIP-T 采用 Client-Serve 结构，对多媒体数据业务的支持较好，便于增加新业务。同时，SIP-T 具有简单灵活、易于实现、扩展性好的特点。目前，BICC 和 SIP 协议在国际上均有较多的应用。

（3）软交换机与应用服务器之间的协议

软交换机与 Radius 服务器之间通过标准的 Radius 协议通信。软交换机与智能网 SCP 之间通过标准的智能网应用层协议（INAP、CAP）通信。一般情况下，软交换机与应用服务器之间通过厂家内部协议进行通信。为了实现软交换网业务与软交换设备厂商的分离，即软交换网业务的开放不依赖于软交换设备供应商，允许第三方基于应用服务器独立开发软交换网业务应用软件，因此，定义了软交换机与应用服务器之间开放的 Parlay 接口。

（4）媒体网关之间的协议

除 SG 外，各媒体网关之间通过数据传送协议传送用户之间的语音、数据、视频等各种信息流。

软交换技术采用 RTP（Real-time Transport Protocol）作为各媒体网关之间的通信协议。RTP 协议是 IETF 提出的适用于一般多媒体通信的通用技术。目前，基于 H.323 和 SIP 的两大 IP 电话系统均是采用 RTP 作为 IP 电话网关之间的通信协议。

 本章小结

路由和交换是网络世界中两个重要的概念。传统的交换发生在网络的第二层，即数据链路层，而路由则发生在第三层——网络层。在新的网络中，路由的智能和交换的性能被有机地结合起来，三层交换机和多层交换机在园区网络中大量使用。本章介绍一些路由和交换的基本概念，需着重学习电路交换、分组交换、IP 路由、软交换四个部分。

 课后习题

简答题

1. 简述分组交换技术的优缺点。
2. 简述电路交换技术的优缺点。
3. IP 地址当中保留的地址有哪些？

 通信故事

物联网的应用

在国家大力推动工业化与信息化融合的大背景下，物联网将是工业乃至更多行业信息化过程中一个比较现实的突破口。一旦物联网大规模普及，无数的物品需要加装更加小巧智能的传感器，用于动物、植物、机器等物品的传感器与电子标签及配套的接口装置数量将大大超过目前的手机数量。

物联网新应用举例一：戒指可充当相机。一款指环迷你相机让拍照的设备变得更加的便携，不需要携带大的数码相机，也不需要从口袋里掏出手机，我们在出门的时候只需要将它戴在手指上面就可以了，可以非常方便地随时抓拍生活中的每一道风景，拍好相片后

通过与平板电脑相接共享图片。

　　物联网新应用举例二：蓝牙行李箱跟着主人走。这款名为"蹦跳（Hop）"的行李箱，内置三个感应器，可以接收智能手机发出的蓝牙信号；再通过利用空气压缩的履带驱动系统，紧跟在主人身后 80 厘米处往前走。一旦信号中断、行李箱丢失时，还会自动上锁，并发出震动短信提醒主人来找。

第12章 通信网

 **本章简介**

通信网是一种使用交换设备、传输设备，将地理上分散用户终端设备互连起来实现通信和信息交换的系统。通信最基本的形式是在点与点之间建立通信系统，但这不能称为通信网，只有将许多的通信系统（传输系统）通过交换系统按一定拓扑结构组合在一起才能称之为通信。也就是说，有了交换系统才能使某一地区内任意两个终端用户相互接续，才能组成通信网。通信网由用户终端设备、交换设备和传输设备组成。交换设备间的传输设备称为中继线路（简称中继线），用户终端设备至交换设备的传输设备称为用户路线（简称用户线）。本章将从电话网、数据通信网、移动通信网、下一代网络（NGN）四个方面简述通信网的一些基本概念。

12.1 电 话 网

1. 电话网（Telephone Network）

电话网是传递电话信息的电信网，是可以进行交互型语音通信、开放电话业务的电信网。电话网包括本地电话网、长途电话网、国际电话网等多种类型，是业务量最大、服务面最广的电信网。

电话网经历了由模拟电话网向综合数字电话网的演变。除了电话业务，还可以兼容许多非电话业务，因此电话网可以说是电信网的基础。

数字电话网与模拟电话网相比，在通信质量、业务种类、为非话业务提供服务、实现维护、运行和管理自动化等方面都更具优越性。现在电话网正在向综合业务数字网、宽带综合业务数字网以及个人通信网的方向发展。届时电话网将不仅能提供电话通信，还能按照用户的要求提供数据、图像等多种多样的服务。在发展到个人通信网时，还可以向用户提供在任何地点、任何时间与任何个人进行通信的服务。

电话网是最早发展起来的通信网，通常指公共电话交换网（PSTN）。最早的电话通信形式只是简单地将两部电话机中间用导线连接起来，但当某一地区电话用户增多时，要想使众多用户相互间都能两两通话，便需要设立一部电话交换机，由交换机完成任意两个用户的连接，这时便形成了一个以交换机为中心的单局制电话网。在某一地区（或城市）随着用户数量的增多，需要建立多个电话局，然后由电话局间中继线路将各电话局的通信连接起来，形成多局制电话网。

2. 设备组成

从设备上来讲电话网由交换机、传输电路（用户线和局间中继电路）和用户终端设备（即电话机）三部分组成。

按电话使用范围分类，电话网可分为本地电话网、国内长途电话网和国际长途电话网。

（1）本地电话网是指在一个统一号码长度的编号区内，由端局、汇接局、局间中继线、长市中继线，以及用户线、电话机组成的电话网。例如，北京市本地电话网的服务范围包括市区部分、郊区部分和所属的 10 个县城及其农村部分。因此，北京市本地电话网是一个大型本地电话网。

（2）国内长途电话网是指全国各城市间用户进行长途通话的电话网，网中各城市都设立一个或多个长途电话局，各长途局间由各级长途电路连接起来。

（3）国际长途电话网是指将世界各国的电话网相互连接起来进行国际通话的电话网。为此，每个国家都需设一个或多个国际电话局来进行国际去话和来话的连接。一个国际长途通话实际上是由发话国的国内网部分、发话国的国际局、国际电路和受话国的国际局以及受话国的国内网等几部分组成的。

电话网的网络结构分为网状网和分级汇接网两种形式。网状网为各端局各个相连，适用于局间话务量较大情况，分级汇接网为树状网，话务量逐级汇接，适用于局间话务量较小的情况。

我国长途电话网的网络结构为分级汇接网，长途电话网的等级分为五级，即 C1 为大区交换中心，C2 为省交换中心，C3 为地区交换中心，C4 为县交换中心，C5 称五级交换中心，即本地电话网端局。到 1992 年年底我国共有 8 个 C1（北京、沈阳、上海、南京、广州、西安、成都），有 3 个国际局（北京、上海和广州）。本地电话网的网路结构一般设置汇接局（Tm）和端局（C5）两个等级。Tm 局可分为市话汇接局、郊区汇接局、农话汇接局等。

3. 发展方向

电话网当前的发展方向为程控数字网，即各级交换中心用的是程控数字交换机，传输电路均为数字电路。程控数字网通信质量优良、自动化程度高，故发展很快。我国目前程控数字化程度已达到 85% 以上。电话网的下一个发展方向是实现窄带综合业务数字网（N-ISDN）和宽带综合业务数字网（B-ISDN）。

12.2　数据通信网

12.2.1　概述

1. 数据通信网的组成和分类

数据通信网是一个由分布在各地的数据终端设备、数据交换设备和数据传输链路构成的网络，其功能是在网络协议支持下，实现数据终端间的数据传输和交换。

数据通信网可以从网络拓扑结构和传输技术两个角度分类。按网络拓扑结构不同分类，数据通信网可分为网状网、星状网、树状网和环状网；按传输技术分类，数据通信网可分为交换网和广播网。

2. 数据通信网的性能指标

数据通信网的主要性能指标有时延（D）和吞吐量（T），它们反映了网络的能力和质量。

（1）延时

延时包括从用户终端到用户终端传输 1 位数据的平均时延和最大延时。网络的延时由传延时、交换延时、接入延时和排队延时组成。

（2）吞吐量

吞吐量是指数据通过网络传送的速率，即单位时间内通过网络的数据量。

（3）时延与吞吐量的关系

时延和吞吐量乘积（D×T）表示网络上存在的数据量。

12.2.2　数字数据网

1. 概述

数字数据网（Digital Data Network，DDN）是利用数字信道提供半永久性连接电路传输数据信号的数字传输网络。DDN 是以满足开放系统互连（OSI）数据通信环境为基本需要，采用数字交叉连接技术和数字传输系统，以提供高速数据传输业务的数字数据传输网。

DDN 的主要用途包括向用户提供专用的数字数据信道，为公用数据交换网提供交换节点间的数据传输信道和将用户接入公用数据交换网的接入信道，以及进行局域网间的互联。

2. DDN 网的网络结构

DDN 网络结构是较好的，它分为一级干线网、二级干线网和本地网三级。从网络层次上看，DDN 可分为核心层、接入层和用户网。

一级干线网是全国的骨干网，节点边接采用网状形式，主要提供省际长途 DDN 业务和国际 DDN 业务。

二级干线网和一级干线网之间采用星形连接方式。二级干线网提供省内长途及出入省的 DDN 业务。

本地网采用不完全网状网连接，与二级骨干网采用星形连接。本地网主要提供本地和长途 DDN 业务。

3. DDN 的基本功能

DDN 的主要功能是为用户提供端到端的高速率、低时延、高质量的数据传输通道。
DDN 的基本功能如下。

（1）提供高质量的数字数据电路。

（2）数据信道带宽管理功能。

（3）DDN 的骨干网能提供国际专线电路。

（4）DDN 对所有要求较高的电路具有自动倒换功能。

4. DDN 的特点

DDN 的基本特性是在网内局间中继、长途干线和终端与终端传输数据中均采用数字传输技术以及半永久性交叉连接技术。它具有以下主要特点。

（1）信息传输速率高、网络传输时延小。

（2）传输质量好。

（3）传输距离远。

（4）传输安全可靠。

（5）透明传输。DDN 是一任何通信规程都可以支持、不受任何约束的全透明数据传输网。

（6）DDN 网络运行管理简便。

5. DDN 的主要技术指标

（1）数据传输差错率。

（2）TDM 连接数据传送时延。

（3）主/备用电路倒换时间。

（4）帧中继业务服务质量。

6. DDN 的组成与原理

数字数据网的组成包括本地传输系统、复用和交叉连接系统、局间传输系统、网同步系统和网络管理系统五大部分。

（1）本地传输系统由用户设备、用户环路组成。用户设备一般包括数据终端设备（DTE）、电话机、传真机、个人计算机以及用户自选的其他用户终端设备，也可以是计算机局域网。

（2）复用和交叉连接系统是 DDN 节点设备的基本功能。典型的复用有频分复用（FDM）和时分复用（TDM）。时分复用又有 PCM 帧复用、超速率复用和子速率复用。交叉连接通常在数字信号下完成，因此称数字交叉连接，它是由相当于一个电子配线架或一个静态交换机的交换连接矩阵来完成的。DDN 中的数字连接主要指以 64 kbit/s 为单位的交叉连接，也有供子速率交叉的设备。

（3）局间传输系统是指局间的数字信道以及由各切点通过与数字信道的各种连接方式组成的网络拓扑。网间互联是指不同制式的 DDN 之间的互联及与 PSPDN、LAN 等互联。

（4）网同步系统。一般来说，国内 DDN 节点间采用主从等级同步方式，国际间采用准同步方式。

（5）网络管理系统是网络正常运行和发挥其性能的必要条件，它负责 DDN 全网正常运行的监视、调度、控制，并对网络运行状况进行统计等。它的主要功能包括网络配置功能、网络运行实时监视功能、网络维护测试功能、网络信息的收集和统计报告功能。

12.3 移动通信网

12.3.1 移动通信的基本概念

1. 基本概念

移动通信是指通信的一方或双方可以在移动中进行的通信过程，也就是说，至少有一方具有可移动性。可以是移动台与移动台之间的通信，也可以是移动台与固定用户之间的通信。移动通信满足了人们无论在何时何地都能进行通信的愿望，20 世纪 80 年代以来，特别是 20 世纪 90 年代以后，移动通信得到了飞速的发展。

相对固定通信而言，移动通信不仅要给用户提供与固定通信一样的通信业务，而且由于用户的移动性，其管理技术要比固定通信复杂得多。同时，由于移动通信网中依靠的是无线电波的传播，其传播环境要比固定网中有线媒质的传播特性复杂，因此，移动通信有着与固定通信不同的特点。

2. 移动通信的特点

（1）用户的移动性。要保持用户在移动状态中的通信，必须是无线通信或无线通信与有线通信的结合。因此，系统中要有完善的管理技术来对用户的位置进行登记、跟踪，使用户在移动时也能进行通信，不因为位置的改变而中断。

（2）电波传播条件复杂。移动台可能在各种环境中运动，如建筑群或障碍物等，因此电磁波在传播时不仅有直射信号，而且还会产生反射、折射、绕射、多普勒效应等现象，从而产生多径干扰、信号传播延时和展宽等。因此，必须充分研究电波的传播特性，使系统具有足够的抗衰落能力，才能保证通信系统正常运行。

（3）噪声和干扰严重。移动台在移动时不仅受到城市环境中的各种工业噪声和天然电噪声的干扰，同时，由于系统内有多个用户，因此，移动用户之间还会有互调干扰、邻道干扰、同频干扰等。这就要求在移动通信系统中对信道进行合理的划分和频率的再用。

（4）系统和网络结构复杂。移动通信系统是一个多用户通信系统和网络，必须使用户之间互不干扰，能协调一致地工作。此外，移动通信系统还应与固定网、数据网等互连，整个网络结构是很复杂的。

（5）有限的频率资源。在有线网中，可以依靠多铺设电缆或光缆来提高系统的带宽资源。而在无线网中，频率资源是有限的，ITU 对无线频率的划分有严格的规定。如何提高系统的频率利用率是移动通信系统的一个重要课题。

3. 移动通信的分类

移动通信的种类繁多，其中陆地移动通信系统有蜂窝移动通信、无线寻呼系统、无绳电话、集群系统等。同时，移动通信和卫星通信相结合产生了卫星移动通信，它可以实现国内、国际大范围的移动通信。

　　（1）集群移动通信。集群移动通信是一种高级移动调度系统。所谓集群移动通信系统，是指系统所具有的可用信道为系统的全体用户共用，具有自动选择信道的功能，是共享资源、分担费用、共用信道设备及服务的多用途和高效能的无线调度通信系统。

　　（2）公用移动通信。公用移动通信系统是指给公众提供移动通信业务的网络，这是移动通信最常见的方式。这种系统又可以分为大区制移动通信和小区制移动通信，小区制移动通信又称蜂窝移动通信。

　　（3）卫星移动通信。利用卫星转发信号也可实现移动通信。对于车载移动通信可采用同步卫星，而对手持终端则采用中低轨道的卫星移动通信系统较为有利。

　　（4）无绳电话。对于室内外慢速移动的手持终端的通信，一般采用小功率、通信距离近、轻便的无绳电话机。它们可以经过通信点与其他用户进行通信。

　　（5）寻呼系统。无线电寻呼系统是一种单向传递信息的移动通信系统。它是由寻呼台发信息、寻呼机收信息来完成的。

12.3.2　移动通信的发展历史

　　移动通信可以说从无线电通信发明之日就产生了。早在 1897 年，马可尼所完成的无线通信试验就是在固定站与一艘拖船之间进行的，距离为 18 海里（1 海里 = 1852 米）。

　　现代移动通信的发展始于 20 世纪 20 年代，而公用移动通信是从 20 世纪 60 年代开始的。公用移动通信系统的发展已经经历了第一代（1G）和第二代（2G），并将继续朝着第三代（3G）和第四代（4G）的方向发展。

1. 第一代移动通信系统（1G）

　　第一代移动通信系统为模拟移动通信系统，以美国的 AMPS（IS-54）和英国的 TACS 为代表，采用频分双工、频分多址制式，并利用蜂窝组网技术以提高频率资源利用率，克服了大区制容量密度低、活动范围受限的问题。虽然 1G 采用频分多址，但并未提高信道利用率，因此通信容量有限；通话质量一般，保密性差；制式太多，标准不统一，互不兼容；不能提供非话数据业务；不能提供自动漫游。因此，第一代移动通信系统已逐步被各国淘汰。

2. 第二代移动通信系统（2G）

　　第二代移动通信系统为数字移动通信系统，是当前移动通信发展的主流，以 GSM 和窄带 CDMA 为典型代表。第二代移动通信系统中采用数字技术，利用蜂窝组网技术。多址方式由频分多址转向时分多址和码分多址技术，双工技术仍采用频分双工。2G 采用蜂窝数字移动通信，使系统具有数字传输的种种优点，它克服了 1G 的弱点，语音质量及保密性能得到了很大提高，可进行省内、省际自动漫游。但 2G 带宽有限，限制了数据业务的发展，也无法实现移动的多媒体业务；并且由于各国标准不统一，无法实现全球漫游。近年来又有第三代和第四代的技术和产品产生。

　　目前采用的 2G 系统主要有以下几种。

　　（1）美国的 D-AMPS，是在原 AMPS 基础上改进而成的，规范由 IS-54 发展成 IS-136 和 IS-136HS，1993 年投入使用。D-AMPS 采用时分多址技术。

（2）欧洲的 GSM 全球移动通信系统，是在 1988 年完成技术标准制定的，1990 年开始投入商用。GSM 采用时分多址技术，由于其标准化程度高，进入市场早，现已成为全球最重要的 2G 标准之一。

（3）日本的 PDC，是日本电波产业协会于 1990 年确定的技术标准，1993 年 3 月正式投入使用。PDC 采用的也是时分多址技术。

（4）窄带 CDMA，采用码分多址技术，1993 年 7 月公布了 IS-95 空中接口标准，目前也是重要的 2G 标准之一。

12.3.3　移动通信网的系统构成

移动通信网的构成如图 12-1 所示。

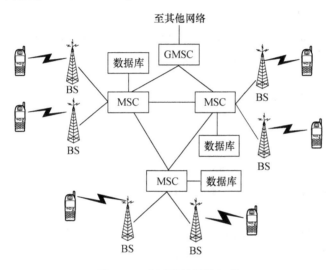

图 12-1　移动通信网的组成

1. 移动业务交换中心

移动业务交换中心（Mobile-services Switching Center，MSC）是蜂窝通信网络的核心。MSC 负责本服务区内所有用户的移动业务的实现，具体来讲，MSC 有如下作用。

（1）信息交换功能：为用户提供终端业务、承载业务、补充业务的接续。

（2）集中控制管理功能：无线资源的管理，移动用户的位置登记、越区切换等。

（3）通过关口 MSC 与公用电话网相连。

2. 基站

基站（Base Station，BS）负责和本小区内移动台之间通过无线电波进行通信，并与 MSC 相连，以保证移动台在不同小区之间移动时也可以进行通信。采用一定的多址方式可以区分一个小区内的不同用户。

基站设备的组成：传输设备、信号转换设备、天线与馈线系统（含铁塔）以及机房内的其他设备。

3. 移动台

移动台（Mobile Station，MS）即手机或车载台，它是移动网中的终端设备，要将用户的语音信息进行变换并以无线电波的方式进行传输。

4. 中继传输系统

在 MSC 之间、MSC 和 BS 之间的传输线均采用有线方式。

5. 数据库

移动网中的用户是可以自由移动的，即用户的位置是不确定的。因此，要对用户进行接续，就必须要掌握用户的位置及其他的信息，数据库即是用来存储用户的有关信息的。数字蜂窝移动网中的数据库有归属位置寄存器（Home Location Register，HLR）、访问位置寄存器（Visitor Location Register，VLR）、鉴权认证中心（Authentic Center，AUC）、设备识别寄存器（Equipment Identity Register，EIR）等。

12.3.4　移动通信网的覆盖方式

1. 大区制

大区制是指由一个基站（发射功率为 50～100 W）覆盖整个服务区，该基站负责服务区内所有移动台的通信与控制。大区制的覆盖半径一般为 30～50 km。

采用这种大区制方式时，由于采用单基站制，没有重复使用频率的问题，因此技术问题并不复杂。只需根据所覆盖的范围，确定天线的高度、发射功率的大小，并根据业务量大小，确定服务等级及应用的信道数即可。但也正是由于采用单基站制，因此基站的天线需要架设得非常高，发射机的发射功率也要很高。即使这样做，也只能保证移动台收到基站的信号，而无法保证基站能收到移动台的信号。因此这种大区制通信网的覆盖范围是有限的，只能适用于小容量的网络，一般用在用户较少的专用通信网中，如早期的模拟移动通信网（IMTS）中即采用大区制。

2. 小区制

小区制是指将整个服务区划分为若干小区，在每个小区设置一个基站，负责本小区内移动台的通信与控制。小区制的覆盖半径一般为 2～10 km，基站的发射功率一般限制在一定的范围内，以减少信道干扰。同时还要设置移动业务交换中心，负责小区间移动用户的通信连接及移动网与有线网的连接，保证移动台在整个服务区内，无论在哪个小区都能够正常进行通信。

由于是多基站系统，因此小区制移动通信系统中需采用频率复用技术。在相隔一定距离的小区进行频率再用，可以提高系统的频率利用率和系统容量，但缺点是网络结构复杂，投资巨大。尽管如此，为了获得系统的大容量，在大容量公用移动通信网中仍普遍采用小区制结构。

公用移动通信网在大多数情况下，其服务区为平面形，称为面状服务区。这时小区的划分较为复杂，最常用的小区形状为正六边形，这是最经济的一种方案。由于正六边形的

第 12 章 通 信 网 ·175·

网络形同蜂窝，因此称此种小区形状的移动通信网为蜂窝网。蜂窝状服务区如图 12-2 所示。

目前，公用移动通信系统的网络结构均为蜂窝网结构，称为蜂窝移动通信系统。

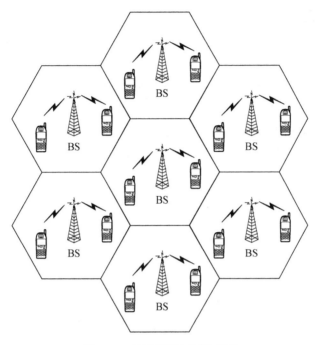

图 12-2　蜂窝状服务区示意图

12.3.5　移动通信网网络结构

不同技术的移动通信网，其网络的拓扑结构是不同的。第一代移动通信采用模拟技术，其网络是依附于公用电话网的，是电话网的一个组成部分；而第二代移动通信采用数字技术，其网络结构是完全独立的，不再依附于公用电话网。下面以我国 GSM 移动通信网为例来说明移动网的网络结构。

我国 GSM 移动通信网是多级结构的复合型网络。为了在网络中均匀负荷，合理利用资源，避免在某些方向上产生的话务拥塞，在网络中设置移动汇接中心 TMSC。全国 GSM 移动电话网按大区设立一级汇接中心、各省内设立二级汇接中心、移动业务本地网设立移动端局，构成三级网络结构。三级网络结构组成了一个完全独立的数字移动通信网络。移动网和固定网之间的通信是通过移动关口局 GMSC 来进行转接的。

中国移动的 GSM 网设置 8 个一级移动汇接中心，分别设于北京、沈阳、南京、上海、西安、成都、广州、武汉，一级汇接中心为独立的汇接局（即不带客户，只有至基站的接口，只作汇接），相互之间以网状网相连。

省内 GSM 移动通信网由省内的各移动业务本地网构成，省内设若干个移动业务汇接中心（即二级汇接中心），汇接中心之间为网状网结构，汇接中心与移动端局之间成星状网。根据业务量的大小，二级汇接中心可以是单独设置的汇接中心，也可兼作移动端局（与基站相连，可带客户）。移动端局应与省内二级汇接中心相连。

全国可划分为若干个移动业务本地网，每个移动业务本地网中应设立一个 HLR。移动业务本地网通过二级汇接中心接入省内 GSM 移动网，从而接入 GSM 全国移动网。

12.3.6　CDMA 系统

1. CDMA 系统概述

CDMA 系统，即采用 CDMA 技术的数字蜂窝移动通信系统，简称 CDMA 系统，它是在扩频通信技术上发展起来的。由于扩频技术具有抗干扰能力强、保密性能好的特点，20 世纪 80 年代就在军事通信领域获得了广泛的应用。为了提高频率利用率，在扩频的基础上，人们又提出了码分多址的概念，利用不同的地址码来区分无线信道。

2. CDMA 蜂窝移动通信网的特点

CDMA 数字蜂窝系统是在 FDMA 和 TDMA 技术的基础上发展起来的。与 FDMA 和 TDMA 相比，CDMA 具有许多独特的优点，其中一部分是扩频通信系统所固有的，另一部分则是由软切换和功率控制等技术所带来的。CDMA 移动通信网是由扩频、多址接入、蜂窝组网和频率再用等几种技术结合而成的，因此它具有抗干扰性好、抗多径衰落、保密安全性高和同频率可在多个小区内重复使用的优点，同时具有所要求的载干比（C/I）小于 1、容量和质量之间可做权衡取舍等属性。这些属性使 CDMA 比其他系统有以下重要的优势。

（1）系统容量大。这里做一个简单的比较：考虑总频带为 1.25 MHz，FDMA（如 AMPS）系统每小区的可用信道数为 7；TDMA（GSM）系统每小区的可用信道数为 12.5；CDMA（IS-95）系统每小区的可用信道数为 120。同时，在 CDMA 系统中，还可以通过语音激活检测技术进一步提高容量。理论上，CDMA 移动网容量比模拟网大 20 倍，但实际上要比模拟网大 10 倍，比 GSM 要大 4~5 倍。

（2）保密性好。在 CDMA 系统中采用了扩频技术，可以使通信系统具有抗干扰、抗多径传播、隐蔽、保密的能力。

（3）软切换。CDMA 系统中可以实现软切换。所谓软切换，是指先与新基站建立好无线链路之后才断开与原基站的无线链路。因此，软切换中没有通信中断的现象，从而提高了通信质量。

（4）软容量。CDMA 系统中容量与系统中的载干比有关，当用户数增加时，仅仅会使通话质量下降，而不会出现信道阻塞现象。因此，系统容量不是定值，而是可以变动的。这与 CDMA 的原理有关。因为在 CDMA 系统中，所有移动用户都占用相同带宽和频率。我们打个比方，将带宽想象成一个大房子，所有的人将进入唯一的一个大房子。如果他们使用完全不同的语言，就可以清楚地听到同伴的声音，而只受到一些来自别人谈话的干扰。在这里，屋里的空气可以被想象成宽带的载波，而不同的语言即被当作编码，我们可以不断地增加用户，直到整个背景噪声限制住我们。如果能控制住每个用户的信号强度，在保持高质量通话的同时，我们就可以容纳更多的用户了。

（5）频率规划简单。用户按不同的序列码区分，所以相同 CDMA 载波可在相邻的小区内使用，网络规划灵活，扩展简单。

12.3.7 卫星移动通信系统

1. 卫星移动通信系统概述

卫星移动通信系统是指利用人造地球通信卫星上的转发器作为空间链路的一部分进行移动业务的通信系统。根据通信卫星轨道的位置可分为覆盖大面积地域的同步卫星通信系统和由多个卫星组成的中低轨道卫星通信系统。通常移动业务使用 UHF、L、C 波段。

20 世纪 80 年代以来,随着数字蜂窝网的发展,地面移动通信得到了飞速的发展,但受到地形和人口分布等客观因素的限制,地面固定通信网和移动通信网不可能实现在全球各地全覆盖,如海洋、高山、沙漠和草原等成为地面网盲区。这一问题现在不可能解决,而且在将来的几年甚至几十年也很难得到解决。这不是由于技术上不能实现,而是由于在这些地方建立地面通信网络耗资过于巨大。而相比较而言,卫星通信有着良好的地域覆盖特性,可以快捷、经济地解决这些地方的通信问题,正好是对地面移动通信进行的补充。

20 世纪 80 年代后期,人们提出了个人通信网(Personal Communication Network,PCN)的新概念,而实现个人通信的前提是拥有无缝隙覆盖全球的通信网。只有利用卫星通信技术,才能真正实现无缝覆盖这一要求,从而促进了卫星移动通信的发展。总之,卫星移动通信能提供不受地理环境、气候条件、时间限制和无通信盲区的全球通信网络,解决目前任何其他通信系统都难以解决的问题。因此,卫星通信作为地面移动通信的补充和延伸,在整个移动通信网中起着非常重要的作用。

卫星通信实质是微波中继技术和空间技术的结合。一个卫星通信系统是由空间分系统、地球站群、跟踪遥测及指令分系统和监控管理分系统四大部分组成的。这四大部分有的直接用来进行通信,有的用来保障通信的进行。

2. 卫星移动通信系统分类

自 1982 年 INMARSAT(国际移动卫星组织)的全球移动通信网正式提供商业通信以来,卫星移动通信引起了世界各国的浓厚兴趣和极大关注,各国相继提出了许多相同或不相同的系统,卫星移动通信系统呈现出多种多样的特点。其中比较著名的有 Motorola 公司的 Iridium(铱)系统、Qualcomm 等公司的 Globalstar(全球星)系统、Teledesic 等公司提出的 Teledesic 系统以及 Inmarsat 和其他公司联合提出的 ICO(中轨道)系统。

从卫星轨道来看,卫星移动通信系统一般可分为静止轨道和低轨道两类。

(1)静止轨道卫星移动通信系统(GEO)

静止轨道系统即同步卫星系统,指卫星的轨道平面与赤道平面重合,卫星轨道离地面高度为 35 800 km,卫星运行与地球自转方向一致。从地面上看,卫星与地球保持相对静止。静止轨道卫星移动通信系统是卫星移动通信系统中最早出现并投入商用的系统,INMARSAT 于 1982 年正式运营的第一个卫星移动通信系统——INMARSAT 系统就是一个典型的代表。此后,又相继出现澳大利亚的 MOBILESAT 系统、北美的 MSS 系统等。由于静止轨道高,传输路径长,信号时延和衰减都非常大,因此 GEO 多用于船舶、飞机、车辆等移动体，而不适合手持移动终端的通信。

（2）低轨道卫星移动通信系统（LEO）

低轨道卫星移动通信系统采用低轨道卫星群组成星座来转发无线电波。低轨道系统的轨道距地面高度一般为 700～1 500 km，因而信号的路径衰耗小、信号时延短，可以实现海上、陆地、高空移动用户之间或移动用户与固定用户之间的通信。LEO 可以实现手持移动终端的通信，因此是未来个人通信中必不可少的一部分。典型的 LEO 有已停用的铱星系统（Iridium）和目前正在使用的 Globalstar 系统、Teledesic 系统等。

3. 典型低轨道卫星移动通信系统

要使用体积小、功率低的手持终端直接通过卫星进行通信，就必须使用低轨道卫星，因为若是用静止轨道卫星，则由于轨道高、传输路径长、信号的传输衰减和延时都非常大，因此要求移动终端设备的天线直径大、发射功率大，难以做到手持化。只有使用低轨卫星，才能使卫星的路径衰减和信号延时减少，同时获得最有效的频率复用。尽管不同低轨道卫星系统细节上各不相同，但目标是一致的，即为用户提供类似蜂窝型的电话业务，实现城市或乡村的移动电话服务。下面介绍最典型的几种低轨道卫星移动通信系统。

（1）Teledesic

Teledesic 主要由美国微软公司、麦考通信公司研制，是一个着眼于宽带业务发展的低轨道卫星通信系统。原计划该系统由 840 颗卫星组成。目前，Teledesic 系统经设计简化，已将系统的卫星数降至 288 颗。Teledesic 提供全球覆盖，用户终端类型包括手持机、车载式和固定式。

Teledesic 系统的每颗卫星可提供 10 万个 16 kbit/s 的语音信道，在整个系统峰值负荷时，可提供超出 100 万个同步全双工 E1 速率的连接。因此，该系统不仅可以提供高质量的语音通信，同时还能支持电视会议、交互式多媒体通信，以及实时双向高速数据通信等宽带通信业务。

（2）全球星系统

全球星系统（简称 GS 系统）也是低轨道系统，但与铱星系统不同，全球星系统的设计者采用了简单的、低风险的因而更便宜的卫星。卫星上既没有星际电路，也没有星上处理和星上交换，所有这些功能，包括处理和交换均在地面上完成。全球星系统设计简单，仅仅作为地面蜂窝系统的延伸，从而扩大了移动通信系统的覆盖，大大降低了系统投资，同时也减小了技术风险。全球星系统由 48 颗卫星组成，均匀分布在 8 个轨道面上，轨道高度为 1 414 km。

全球星系统的主要特点有：由于轨道高度仅为 1 414 km，因此，用户几乎感受不到语音时延；通信信道编码为 CDMA 方式，抗干扰能力强，通话效果好。全球星系统可提供的业务种类包括语音、数据（传输速率可达 9.6 kbit/s）、短信息、传真、定位等。

2000 年 5 月全球星系统在中国正式运营。用户使用全球星双模式手机，可实现在全球范围内任何地点任何个人在任何时间与任何人以任何方式的通信，即所谓的全球个人通信。

12.3.8 第三代移动通信系统

1. 第三代移动通信系统（3G）概述

早在 1985 年 ITU-T 就提出了第三代移动通信系统的概念，最初命名为 FPLMTS（未来公共陆地移动通信系统），后来考虑到该系统将于 2000 年左右进入商用市场，工作的频段在 2 000 MHz，且最高业务速率为 2 000 kbit/s，故于 1996 年正式更名为 IMT-2000（International Mobile Telecommunication-2000）。

第三代移动通信系统的目标是：能提供多种类型、高质量的多媒体业务；能实现全球无缝覆盖，具有全球漫游能力；与固定网络的各种业务相互兼容，具有高服务质量；与全球范围内使用的小型便携式终端在任何时候任何地点进行任何种类的通信。为了实现上述目标，对第三代无线传输技术（RTT）提出了支持高速多媒体业务（高速移动环境：144 kbit/s；室外步行环境：384 kbit/s；室内环境：2 Mbit/s）的要求。

2. 3G 的应用及关键技术

（1）3G 的应用

IMT-2000 能提供至少 144 kbit/s 的高速大范围的覆盖（希望能达到 384 kbit/s），同时也能对慢速小范围提供 2 Mbit/s 的速率。3G 提供新的应用主要有如下一些领域：Internet，一种非对称和非实时的服务；可视电话则是一种对称和实时的服务；移动办公室能提供 E-mail、WWW 接入、Fax 和文件传递服务等。3G 系统能提供不同的数据率，将更有效地利用频谱。3G 不仅能提供 2G 已经存在的服务，而且还引入新的服务，使其对用户有更大的吸引力。

（2）3G 的关键技术

① 初始同步与 Rake 接收技术。

CDMA 通信系统接收机的初始同步包括 PN 码同步、符号同步、帧同步和扰码同步等。CDMA2000 系统采用与 IS-95 系统相类似的初始同步技术，即通过对导频信道的捕获建立 PN 码同步和符号同步，通过同步信道的接收建立帧同步和扰码同步。WCDMA 系统的初始同步则需要通过"三步捕获法"进行，即通过对基本同步信道的捕获建立 PN 码同步和符号同步，通过对辅助同步信道的不同扩频码的非相干接收，确定扰码组号等，最后通过对可能的扰码进行穷举搜索，建立扰码同步。

3G 中 Rake 接收技术也是一项关键技术，为实现相干形式的 Rake 接收，需发送未经调制的导频信号，以使接收端能在确知已发数据的条件下估计出多径信号的相位，并在此基础上实现相干方式的最大信噪比合并。WCDMA 系统采用用户专用的导频信号，而 CDMA2000 下行链路采用公用导频信号，用户专用的导频信号仅作为备选方案用于使用智能天线的系统上，上行信道则采用用户专用的导频信道。

② 高效信道编译码技术。

采用高效信道编码技术是为了进一步改进通信质量。在第三代移动通信系统主要提案中（包括 WCDMA 和 CDMA2000 等），除采用与 IS-95 CDMA 系统相类似的卷积编码技术和交织技术之外，还建议采用 Turbo 编码技术及 RS-卷积级联码技术。

③ 智能天线技术。

智能天线技术也是 3G 中的一项非常重要的技术。智能天线包括两个重要组成部分：一是对来自移动台发射的多径电波方向进行入射角（DOA）估计，并进行空间滤波，抑制其他移动台的干扰；二是对基站发送信号进行波束形成，使基站发送的信号能够沿着移动台电波的到达方向发送回移动台，从而降低发射功率，减少对其他移动台的干扰。智能天线技术能够起到在较大程度上抑制多用户干扰，从而提高系统容量的作用。其困难在于由于存在多径效应，每个天线均需一个 Rake 接收机，从而使基带处理单元复杂度明显提高。

④ 多用户检测技术。

多用户检测就是把所有用户的信号都当成有用信号而不是干扰信号来处理，消除多用户之间的相互干扰。使用多用户检测技术能够在极大程度上改善系统容量。

⑤ 功率控制技术和软切换。

功率控制技术和软切换已经在窄带 CDMA 中详细介绍过了，这里不再赘述。

12.4 下一代网络

下一代网络（Next Generation Network，NGN），又称为次世代网络。其主要思想是在一个统一的网络平台上以统一管理的方式提供多媒体业务，整合现有的市内固定电话、移动电话（统称 FMC），增加多媒体数据服务及其他增值型服务。其中语音的交换将采用软交换技术，而平台的主要实现方式为 IP 技术，逐步实现统一通信。其中 VOIP 将是下一代网络中的一个重点。为了强调 IP 技术的重要性，业界的主要公司之一思科系统公司（Cisco Systems）主张将下一代网络称为 IP-NGN。

NGN 是基于 TDM 的 PSTN 语音网络和基于 IP/ATM 的分组网络融合的产物，它使得在新一代网络上语音、视频、数据等综合业务成为了可能。NGN 是可以同时提供语音、数据、多媒体等多种业务的综合性的、全开放的宽频网络平台体系，至少可实现千兆光纤到户。NGN 能在目前的网络基础上提供包括语音、数据、多媒体等多种服务，还能把现在用于长途电话的低资费 IP 电话引入本地市话，有望大大降低本地通话费的成本和价格。

从网络功能层次上看，NGN 在垂直方向从上往下依次包括网络业务层、控制层、媒体传输层和接入层，在水平方向应覆盖核心网和接入网乃至用户驻地网。网络业务层负责在呼叫建立的基础上提供各种增值业务和管理功能，网管和智能网是该层的一部分；控制层负责完成各种呼叫控制和相应业务处理信息的传送；媒体传输层负责将用户方送来的信息转换为能够在网上传递的格式并将信息选路送至目的地，该层包含各种网关并负责网络边缘和核心的交换/选路；接入层负责将用户连至网络，集中其业务量并将业务传送至目的地，包括各种接入手段和接入节点。NGN 的网络层次分层可以归结为一句话：NGN 不仅实现了业务提供与呼叫控制的分离，而且还实现了呼叫控制与承载传输的分离。

就目前通信网络现状而言，NGN 可能面临如下安全威胁。

（1）电磁安全。随着侦听技术的发展以及计算机处理能力的增强，电磁辐射可能引发安全问题。

（2）设备安全。当前设备容量越来越大，技术越来越复杂，复杂的技术和设备更容易发生安全问题。

（3）链路安全。通信光缆电缆敷设规范性有所下降。在长江、黄河等几条大江大河上布放光缆时，基本都敷设并集中在铁路桥（或公路桥）上，可能出现"桥毁缆断"通信中断的严重局面。

（4）通信基础设施过于集中。国内几个主要运营商在省会城市的长途通信局（站）采用综合楼方式，在发生地震、火灾等突发事件时，极易产生通信大规模中断的局面。

（5）信令网安全。传统电话网络的信令网曾经是一个封闭的网络，相对安全。然而随着软交换等技术的引入，信令网逐渐走向开放，增加了安全隐患。

（6）同步外安全。同步网络是当前 SDH 传输网络以及 CDMA 网络正常运行的重要保障。当前大量网络包括 CDMA 等主要依赖 GPS 系统。如果 GPS 系统出现问题，则将对现有网络造成不可估量的损失。

（7）网络遭受战争、自然灾害。在网络遭受战争或自然灾害时，网络节点可能会遭受毁灭性打击，导致链路大量中断。

（8）网络被流量冲击。当网络受到流量冲击时，可能产生雪崩效应，网络性能急剧下降甚至停止服务。网络流量冲击可能因突发事件引起，也可能是受到恶意攻击。

（9）终端安全。典型的多业务终端是一个计算机，与传统的专用终端（例如电话）相比，智能终端故障率以及配置难度都大大提高。

（10）网络业务安全。多业务网络很少基于物理端口或者线路区分用户，因此业务被窃取时容易产生纠纷。

（11）网络资源安全。在多业务网络中，用户恶意或无意（感染病毒）滥用资源（例如带宽资源）会严重威胁网络正常运行。

（12）通信内容安全。网络传输的内容可能被非法窃取或被非法使用。

（13）有害信息扩散。传统电信网不负责信息内容是否违法。随着新业务的开展，对于有害信息通过网络扩散传播的问题应引起 NGN 的高度重视。

面对上述以及未来可能出现的未知的安全威胁，首先应明确如下应对原则。

（1）安全不是绝对的，安全威胁永远存在。安全不是一种稳定的状态，永远不能认为采用了安全措施就能到达安全状态。首先，付出资源、管理代价可以增加安全性，但是无论多少代价也不能达到永远、绝对的安全。其次，安全是一个不稳定的状态，随着新技术的出现以及时间的推移，原本相对安全的措施和技术也会变得相对不安全。最后，安全技术和管理措施是有针对性、有范围的，通常只对已知或所假想的安全威胁有效。安全技术和安全管理措施不确保对未知或未预想的安全威胁生效。

（2）安全应作为基础研究，需要长期努力。NGN 安全研究范围广泛，包括法律法规、技术标准、管理措施、网络规划、网络设计、设备可靠性、业务特性、商业模式、缆线埋放、加密强度、加密算法、有害信息定义等大量领域。因此安全研究不是一蹴而就，还需要长期努力。安全投入本身不能产生直接效益，只能防止和减少因不安全因素而造成的损失。安全研究应当作为一项基础研究，由国家、运营商和相关企业长期投入，共同努力。

（3）安全需要付出代价，安全要求应当适度。NGN 安全是所有人都希望的，但不是所有人都能意识到为达到一定的安全标准所需要付出的代价。为安全付出的代价可能是人力、物力、财力，也可能是降低效率。因此安全要求应当适度，当为机密性付出的代价大于因泄密可能受到的损失时，该安全要求便意义不大。在日常通话中能保证机密性当然理想，但是如需要增加几倍的通话费用来增加机密性（机密性通常只能增加，无法绝对确保）的话，相信大多数用户都无法接受。

（4）安全隐患有大有小，应分轻重缓急。当前 NGN 上存在大量已知和未知的安全隐患。对于众多的安全隐患，应当视可能造成的危害以及需要付出的成本，分轻重缓急分别解决。一般来说，可能大面积影响网络业务提供的安全隐患应当优先解决，例如影响同步网安全、网络路由协议正常运行的安全隐患等；对于不影响业务正常开展，或者只以较小可能影响少量用户同时需要资金人员较多的安全隐患（例如无线接口用户数据未加密等）可以稍稍延后解决。

（5）安全不仅是技术问题，更重要的是管理。绝大多数安全隐患可以通过技术手段解决，但是对安全来说更重要的是管理。当前技术条件下任何安全技术都是需要人来参与的。完善的管理机制能最大程度上防止管理人员有意或无意地增加安全隐患的行为。通常这样的管理机制是以日志和审计作为后盾，以降低效率作为代价。因此没有完善管理机制的网络不可能是安全的网络。此外，一些通过管理可以轻易解决的问题可能需要极其复杂的技术手段才能解决。

（6）安全问题有范围，不是包罗万象的。NGN 安全有自身的范围界定，并不是所有的问题都会影响 NGN 和信息安全。随意扩展安全研究范围，将大量与安全无关的课题归结到 NGN 与信息安全研究中，可能会失去重点，不利于安全研究与安全隐患的解决。例如，传输网络设计指标范围内的误码与安全问题无关；同样 IP 网络上设计范围内的丢包率、电话网上掉线率范围内的掉线等都与 NGN 安全无关，用户丢失密码造成的损失也与网络安全无关。

（7）网络安全不仅仅是定性的，还应当定量评估。当前计算机系统有安全登机评估标准，可以定量评估。长期以来，通信网络主要提供语音服务，对语音自身的信息安全以及内容是否合法并不关心。因此主要采用业务可用性以及设备可靠性来体现网络安全。但是当前通信网络支撑着国家重要安全设施的正常运行，因此网络安全有必要定量评估并划分等级。不同的网络应用应当有最低安全等级要求。对所有通信都提供最高安全等级固然很好，但是为此付出几倍甚至几十倍的成本显然不是公众和运营商所期望的。

（8）不同网络上关注的安全问题应当各有侧重。传统电信网络主要提供专线型的数据传输以及点到点的语音业务。因此传统电信网主要关注的是网络自身的安全以及网络服务的安全。而互联网是为教育科研网络设计的，服务可控性较差，并缺乏有效的商业模式，且其所具有的可大量传递数据信息并开展 BBS 以及点到多点、匿名发送等业务的特性也决定了互联网应更关注服务可控性以及网络上的信息安全。

本章小结

本章着重讲述通信网的相关内容，包含电话网、数据网、移动通信网、下一代网络等，旨在通过以上的学习了解相关概念，对通信网有全面的了解。

课后习题

简答题

1. 移动通信中为什么要采用复杂得多址接入方式？多址方式有哪些？它们是如何区分每个用户的？
2. GSM 中控制信道的不同类型有哪些？它们分别在什么场合使用？
3. CDMA 通信系统中为什么可以采用软切换？软切换的优点是什么？
4. 在 GSM 中，移动台是以什么号码发起呼叫的？
5. 构成一个数字移动通信网的数据库有哪些？分别用来存储什么信息？

通信故事

载着声音飞翔的电波——无线电通信的发明

1906 年 12 月 24 日圣诞节前夕，晚上 8 点左右，在美国新英格兰海岸附近穿梭往来的船只上，一些听惯了"嘀嘀嗒嗒"莫尔斯电码声的报务员们，忽然听到耳机中传来有人正在朗读圣经的故事，有人拉着小提琴，还伴奏有亨德尔的《舒缓曲》，报务员们怔住了，他们大声地叫喊着同伴的名字，纷纷把耳机传递给同伴听，果然，大家都清晰地听到说话声和乐曲声，最后还听到亲切的祝福声，几分钟后，耳机中又传出那听惯了的电码声。

其实这并不是什么奇迹的出现，而是由美国物理学家费森登主持和组织的人类历史上的第一次无线电广播。这套广播设备是由费森登花了 4 年的时间设计出来的，包括特殊的高频交流无线电发射机和能调制电波振幅的系统，从这时开始，电波就能载着声音开始展翅飞翔了。

在这之前，也有无数人在无线电研究上取得了成果，其中最著名的就是无线电广播之父——美国人巴纳特·史特波斐德。他于 1886 年便开始研究，经过十几年不懈努力而取得了成功。在 1902 年，史特波斐德在肯塔基州穆雷市进行了第一次无线电广播，他在穆雷广场放好话筒，由他的儿子在话筒前说话、吹奏口琴，史特波斐德在附近的树林里放置了 5 台矿石收音机，均能清晰地听到说话和口琴声，试验获得了成功。之后，史特波斐德又在费城进行了广播，并获得了专利权。现在，州立穆雷大学仍树有"无线电广播之父——巴纳特·史特波斐德"的纪念碑。

与此同时，无线电通信逐渐被用于战争。在第一次和第二次世界大战中，它都发挥了很大的威力，以致有人把第二次世界大战称之为"无线电战争"。

1920 年，美国匹兹堡的 KDKA 电台进行了首次商业无线电广播。广播很快成为一种重要的信息媒体而受到各国的重视。后来，无线电广播从"调幅"制发展到了"调频"制，到 20 世纪 60 年代，又出现了更富有现场感的调频立体声广播。

无线电频段有着十分丰富的资源。在第二次世界大战中，出现了一种把微波作为信息载体的微波通信。这种方式由于通信容量大，至今仍作为远距离通信的主力之一而受到重视。在通信卫星和广播卫星启用之前，无线电频段还担负着向远地传送电视节目的任务。

附录 专业英语术语表

1. ADSL   非对称数字用户环路
2. ASK   幅移键控
3. PSK   相移键控
4. CCITT   国际电报电话咨询委员会
5. DDN   数字数据网
6. DSB   双边带调幅
7. AM   调幅
8. SSB   单边带调幅
9. VSB   残留边带调幅
10. DWDM   密集型波分复用
11. FDM   频分多路复用
12. FFT   快速傅里叶变换
13. FSK   频移键控
14. GPS   全球定位系统
15. ISI   符号间干扰（码间干扰）
16. LAN   局域网
17. MIMO   多路输入多路输出
18. MSC   移动交换中心
19. NGN   下一代网络
20. PCM   脉冲编码调制
21. PDH   准同步数字体系
22. PSTN   公共交换电话网
23. RFID   射频识别系统
24. SDH   同步数字体系
25. TDM   时分复用
26. TS   时隙
27. WLAN   无线局域网

参考文献

［1］ 中兴通信学院. 对话通信原理 ［M］. 北京：人民邮电出版社，2010.
［2］ 樊昌信. 通信原理教程 ［M］. 北京：人民邮电出版社，2006.
［3］ 沈保锁，等. 通信原理 ［M］. 北京：人民邮电出版社，2010.
［4］ 曹志刚，钱亚生. 现代通信原理 ［M］. 北京：清华大学出版社，2008.
［5］ 南利平. 通信原理简明教程 ［M］. 北京：清华大学出版社，2008.
［6］ 郭文彬，等. 通信原理——基于 MATLAB 的计算机仿真 ［M］. 北京：北京邮电大学出版
      社，2010.
［7］ 王福昌. 通信原理学习指导与题解 ［M］. 西安：西安电子科技大学出版社，2009.
［8］ http：//baike. baidu. com/view/46054. htm.
［9］ http：//tech. sina. com. cn/it/2011-08-26/09585984370. shtml.
［10］ http：//baike. baidu. com/view/4646. htm.